数学文化融入高职数学教学的研究与实践

朱焕桃　著

中国纺织出版社有限公司

图书在版编目（CIP）数据

数学文化融入高职数学教学的研究与实践 / 朱焕桃著. --北京：中国纺织出版社有限公司，2020.6
ISBN 978-7-5180-7004-6

Ⅰ.①数… Ⅱ.①朱… Ⅲ.①高等数学－教学研究－高等职业教育 Ⅳ.①O13

中国版本图书馆CIP数据核字（2019）第269148号

责任编辑：姚　君　　责任印制：储志伟

中国纺织出版社有限公司出版发行
地址：北京市朝阳区百子湾东里A407号楼　邮政编码：100124
销售电话：010—67004422　传真：010—87155801
http://www.c-textilep.com
中国纺织出版社天猫旗舰店
官方微博http://weibo.com/2119887771
佳兴达印刷（天津）有限公司印刷　各地新华书店经销
2020年6月第1版第1次印刷
开本：710×1000　1/16　印张：13.75
字数：246千字　定价：60.00元

前　言

近年来，我国高等职业教育发展迅速。2019 年 2 月，国务院颁布的《国家职业教育改革实施方案》指出：职业教育与普通教育是两种不同教育类型，具有同等重要地位。要努力完善职业教育和培训体系，努力让每个人都有人生出彩的机会。“没有职业教育现代化就没有教育现代化”。《教育部关于职业院校专业人才培养方案制订与实施工作的指导意见》（教职成〔2019〕13 号）也强调：高等职业学校应当将数学、职业素养等列为必修课或限定选修课，要推动中华优秀传统文化融入教育教学，加强革命文化和社会主义先进文化教育，提高学生审美和人文素养。要“坚持育人为本，促进全面发展”的基本原则，要全面推动习近平新时代中国特色社会主义思想进教材进课堂进头脑，积极培育和践行社会主义核心价值观。要传授基础知识与培养专业能力并重，强化学生职业素养养成和专业技术积累，将专业精神、职业精神和工匠精神融入人才培养全过程。

职业教育办学要遵循职业教育规律和学生身心发展规律，回归到学生的全面发展和能力培养。要确立发展导向的职业教育观，坚持“德技并修、全面发展”“服务发展、促进就业”的办学方向，以质量发展为核心，让学生“能就业”，更能“就好业”，加快推进职业教育现代化。落实立德树人根本任务，坚持养成教育与发展教育相结合，健全德技并修、工学结合的育人机制，将思想政治教育、职业道德和工匠精神培育融入教育教学全过程，处理好公共基础课程教学与专业课程教学、理论与实践的关系，注重实践教学，促进学生全面发展。

数学教育应具有“文化素质教育”与“数学技术教育的双重功能”。目前“数学素质是公民所必备的一种基本素质”已成为重要的教育理念，正逐步被人们所接受。目前，在高等职业教育实践中，对数学课程的定位尚存在一些误区：片面理解“必需、够用”对数学课程的意义，不清楚学习数学对于培养“实用型、应用型”人才的作用，更没理解数学教育作为一种训练学生思维能力及培养终身学习能力的作用；只重视其工具性的一面，忽视数学思想与方法的教与学；对数学的应用性有所关注，但尚未提升到数学是一门人文素质课程的高度。作为职业教育的一门数学课程，数学必须承担起数学文化传承和数学素质培养的重任。高职数学是一门人文素质课程，是学习其他专业课的工具课程，某种意义上也是一门职业核心能力课程。高职数学课程应发挥文化功能和应用功能，其内涵是使学生打下相应的文化基础，获得适应岗位（群）及进一步发展需要的数学知识、方法及其应用技能，普及数学文化，培养数学素养，提高数学应用能力。正因为如此，我们要形成具有职业教育特点的数学文化课程，全方位地将数学文化融入高职数学的教学过程。

本书以数学文化融入高职数学教学为主线，在系统分析新形势下学生可持续发展对数学的需求及数学课程在职业教育中的地位和作用的基础上，阐述高职数学课程的定位，并提出了高职数学有效课堂构建方案及课程思政的策略；在总结数学文化的内涵与主要特征的基础上，提出了数学文化融入高职数学教学的主要方法与策略，并对数学文化中的数学思想与方法、哲学思想等在高职数学教学中的体现进行了系统梳理与归纳呈现；最后，从教师职业能力竞赛的角度分析教师职业能力内涵及构成，阐述了高职数学教师职业能力的培养路径，结合职业能力竞赛对教学设计、教案的要求，提供了案例分享。

本书编写得到了湖南信息职业技术学院相关人员的大力帮助，特别得到了数学教研室邓瑾、尹屹、陈五立的大力支持，她们提供了数学职业能力竞赛的教案及资料；同时在编写过程中参考了一些专家学者的相关文献资料。在此，一并致以衷心的感谢！

本书内容立足于高职数学课程，主要针对高职院校数学教师和教学、科研管理人员，同时希望对高职其他课程以及中职、职高、技工院校的教师和教学、科研管理人员也具有启发和借鉴意义。

由于本人水平有限，本书的疏漏和错误在所难免。恳请各位专家和读者批评指正。

朱焕桃

2019 年 8 月

目　录

第一章　数学文化概述

数学文化是人类文化的重要组成部分，数学文化的发展在一定程度上决定了人类社会的发展、民族的发展。在现代化的数学教育中，让学生加深对数学文化的理解是提高国民整体数学素质的一个重要途径，是培养新世纪创造性人才的必由之路。

数学教育应具有“文化素质教育”与“数学技术教育的双重功能”。目前“数学素质是公民所必备的一种基本素质”已成为重要的教育理念，正逐步被人们所接受。但是，若这种认识仅仅停留在学术的、理论的层面上，数学文化的教育价值就只有潜在的意义，不能自然而然地成为一种教育效果而体现在学生身上。因此，非常有必要加强关于数学文化的教学实践。正如张奠宙先生所说：“数学文化必须走进课堂，在实际数学教学中使得学生在学习数学的过程中真正受到文化感染，产生文化共鸣，体会数学的品味和世俗的人情味，这就要从微观的角度进行分析，将数学文化渗入课程标准、教科书，体现在数学教学的全过程之中。”

一、数学文化的内涵与研究内容

（一）数学文化研究概述

对于文化，有多种不同的看法。笼统地说，文化是一种社会现象，是人类长期创造发展过程中形成的产物，同时又是一种历史现象，是人类社会历史的积淀物；确切地说，文化是指一个国家或民族的历史、地理、传统习俗、风土人情、生活方式、行为规范、文学艺术、思维方式、价值观念等，是人类之间进行交流的一种意识形态，这种意识形态被普遍认可是能够为人类所传承的。文化是人类在社会发展过程中创造的物质和精神财富的总和，特指社会意识形态。在阶级社会中，文化既是阶级斗争的武器，又是特定阶级的政治与经济的反映，同时又反作用于政治和经济。

对于文化的定义，一种是从广义出发的，将其置于社会学视野下。根据这种广义的理解，文化被视为一种特殊社会生活方式的整体，如所谓阿拉伯文化、玛雅文化、印度文化等。极具特色的社会活动能被人类交流与传承，所以也可以冠之为文化，如茶文化、武士文化、基督教文化等。第二种定义方式是从狭义的角度出发的，是以民族精神和个人气质为核心的属于可以量化的价值形态的定义。但总而言之，文化是特属于人类的用以见证人类发展的并被人类传承的一种实践成果的提炼。

自然，对数学文化也有多种不同的理解，例如，有一种观点认为数学就是文化，所以再说数学文化就没有了意义。但是，很多人，不仅仅是专门从事数学的人，特别强调数学文化，认为数学不只是数学自身，它还是一种文化。在后一种理解下，文化即人文，它是人的精神人的思想。数学是一门充满人文精神的科学，数学中所蕴含的科学精神和数学的思想方法，它们都是人类文明的宝贵财富。

“一个人不识字可以生活，但是不识数就很难生活了。”

“一个国家科学的进步，可以用它消耗的数学来度量。”

这两句话从通俗和高雅的角度对数学的描述，让人对“数学是什么”有了一个总体而深刻的认识。

首先，数学知识被西方学者看作是一种文化体系，数学知识是一种文化传统，数学活动即是一种社会性活动，所以，人们可以通过社会科学的方法说明数学活动，进而从中寻找出支配文化系统的普遍的通用法则，并运用这些法则来说明并支配数学文化这一系统中的各个子系统。我们日常提及的数学首先是一门知识，这是毋庸置疑的，我们从会识数开始便每天都在与数学打交道。其次，数学是一门技能，由于数学的独特性，仅仅是通过计算功能就能解决生活中许多实际问题，而数学跟其他学科横向交叉紧密结合，更是形成许多科学分支的技能，比如计算机就极具代表性。再次，数学也是一种语言，数学符号就是一种独特的表达语言，它给世人描述了一个科学的世界，伽利略说："大自然这本书是用数学语言写成的。天地、日月星辰都是按照数学公式运行的"。最后，数学也是一种文化。"数学是一种先进的文化，是人类文明的重要基础"。在人类历史长河中，数学的身影出现在任何一个重大的文化冲击事件的背后：达尔文的进化论，牛顿的万有引力定律，爱因斯坦的相对论，晶体结构的确定，都与数学思想和数学文化有着紧密的联系。

数学是一种文化，这也是20世纪六七十年代数学教育界提出的一种新观点。该观点最早由美国著名数学史学家M.克莱因提出，他在其三本力作《古今数学思想》《西方文化中的数学》和《数学——确定性的丧失》中进行了较为系统的阐述，而美国学者怀尔德（R.Wilder）在他的著作《作为一种文化体系的数学》《数学概念的进化》中对数学文化的研究已经达到一个较高的水平，且"数学文化"也被大众更为广泛地接受，并赞同它是一个相对独立的文化系统。

在国外，数学文化通常被翻译为Mathematical Culture或Mathematics Culture。从结构上来看，前者是偏正结构，可以理解为与数学有关的文化；后者是一种并列结构，凸显的是数学与文化的关系。

从国外文献中发现，对数学文化内涵的理解常常包括两个方面：从文化学看，数学是一种文化；从数学看，文化当中包含数学的成分。其中，怀尔德（Wilder，R. L.）在文中就指出，数学家拥有的文化内含一个共享的带有数学特征的部分，同时他也指明了数学有文化的特征。而毕肖普（Bishop，A. J.）在《对数学文化的适应》（Mathematical Enculturation）一书中说“数学的知识体系通常被认为是唯一的、不变的，而建构这些知识体系的数学思维方式、思维结构在不同的文化中是不同的，数学文化主要是研究这些特点各异的思维结构、认知方式，而不是知识体系”。1991 年，毕肖普（Bishop，A. J.）在此系列后来的书中指出数学文化（Mathematical Culture）对他来说是“文化视角下的数学”或“数学，一种文化现象”的缩写，但这并不是说整个文化都是数学特征的，只要与怀尔德精英主义的“数学家的亚文化”，以及和布鲁纳（Bruner，D.）、科尔（Cole，M.）间接提到的中产阶级文化区分开来，那么将数学文化理解为数学的亚文化，或者是文化的数学成分，他都愿意接受。结合前后定义，可以看出毕肖普（Bishop，A. J.）的数学文化包括两部分，一部分是数学的亚文化，即数学知识背后的隐性成分或观念性成分；一部分是人类文化中的数学成分。在本研究中更倾向探讨数学的文化特征，即认为数学文化是 Mathematical Culture，可理解成与数学有关的文化。

在数学教育国际手册（International Handbook of Mathematics Education）以及 ZDM 和 ICMI 等研究主题中，没有直接提及 Mathematical Culture 或 Mathematics Culture 这样的词汇，在数学教与学研究手册第二本（Second Handbook of Research on Mathematics Teaching and Learning）中第 11 章“The Role of Culture in Teaching and Learning and Mathematics”中涉及了文化在数学教与学中的作用。在这一章中主要介绍了数学教育中与文化相关的核心概念的界定与课题，基于 Brown 与 Dowling 的研究框架，论述了理论与实践两个领域中有关数学教育中的文化研究，对未来数学教育中文化研究方向的展望。该文作者指出，研究者们越来越认可数学是一种文化产品，文化是数学教育的一个重要方面。虽然人文数学（ethnomathematics）与日常认知仍然是研究的重要课题，但有关数学与文化的研究内容，已经由“人文数学与日常认知”向“文化在数学教育中的作用”进行转变，足见文化在数学教育中的地位。

在国内，“数学文化”一词则是近年来才备受关注的。提到数学文化就不得不提到数学家齐明友先生，他在《数学与文化》中说道：“数学作为文化的一部分，其最根本的特征是它表达了一种探索精神。”并且指出：“没有现代的数学就不会有现代的文化。没有现代数学的文化是注定要衰落的。一个不掌握数学作为一种文化的民族也是注定要衰落的。”

方延明提出了数学文化的三元结构，即“现实世界、概念定义、模型结构”，他认为“数学文化是一种外延广泛的学科，它涉及多种学科”。张楚廷从广义文化学的角度阐述数学文化。他认为，“文化即人类创造的物质文明和精神文明。数学既是人类精神文明又是物质文明的产物，尤其要关注到数学是人类精神文明的硕果，数学不仅闪耀着人类智慧的光芒，而且也最充分地体现了人类为真理而孜孜以求乃至奋不顾身的精神，以及对美和善的追求”。

南开大学数学科学学院顾沛教授也认为，可以从狭义和广义两个角度来看待数学文化。他认为，从狭义上来说，数学文化是数学思想、精神、方法、观点及语言的形成和发展的过程；从广义上来说，除了狭义的内容外，数学文化还包括数学教育、数学发展中的人文成分、数学家、数学史、数学美以及数学与其他各种文化的关系。

徐州师范大学数学科学学院教授周明儒先生在他的《数学文化课程的教学实践与思考》中同样提到：“我们认为数学文化主要指数学在 5000 年的发展历程中形成的数学科学精神和思想方法。”数学的科学精神什么？它是指数学在产生与发展的过程中所形成的独特性的科学阐述世间理论的特质，也包括古今中外数学家在推动数学科学发展、探索数学科学奥秘的过程中所集中体现出来的具有社会价值的科学精神及科学态度，比如，科学严谨的研究态度、百折不挠的研究精神等。

山东大学数学学院龙和平教授认为："数学与人文的交叉以及数学与各种文化的融合，这些都是数学所形成的文化"，在他的《数学文化课程教学实践》中可以看到他认为数学文化不仅包含了数学知识、数学的应用，数学思想和精神、数学的美都是属于数学文化的内容。与经典的文化定义对应，M. 克莱因给出了关于数学文化的代表性论述："数学是一种精神，一种理性的精神。"

以上是国内外学者对于什么是"数学文化"这个问题的观点，由此可以看出，虽然数学文化是被各国学者从不同的角度去阐述的，但各种阐述是有着相近或相同之处，普遍认为数学文化是一种人文精神，且具有科学的理性特质。既然数学文化如此重要，那么对于现今的学生而言，在学习数学的同时能加深对数学文化的认识和理解无疑是重要的，通过数学文化教学，可以帮助学生掌握数学观念，了解更多的数学思想、数学方法等，使得学生借助数学文化学习，掌握更多研究和应用数学知识的思维和方法体系，从而可以借助自身物质世界的认识，自我寻求合适的解决方法的数学模式，使数学知识来源于生活，并最终在生活中得到有效应用，从而提高学生的数学应用能力，培养学生的数学文化素养。

（二）数学文化的内涵

数学文化从字面意思来说当然是指数学和文化及它们之间的联系，这个理解确实是可以让人们接受的，那么，什么能把数学和文化联系起来呢？是数学的内涵、数学的发展、数学的特点、数学的精神、数学的思维，等等，可以说包罗万象。为了能给数学文化定义，如前所述，国内外的许多学者、数学家都作了大量的分析和研究，"数学文化"由美国著名数学教育家、数学史家克莱因（M.Kline）最早提出，他认为："数学在人类文明中一直是一种主要的文化力量，数学是一种理性精神。”美国学者怀尔德，作为数学文化系统性研究最早的学者，他在他的两部经典著作《数学概念的进化》和《作为文化系统的数学》中队数学文化做了更进一步的系统性的研究。他认为数学文化是由数学传统和数学本身构成的，是数学从内在和外在两个方面共同作用的文化系统。

黄秦安先生认为数学文化是超越（扩大并包含）数学科学范围的数学历史、事件及人物、观念、心理、意识和数学传播的一个总和。李兴怀先生在其著作《试论数学文化与中学数学教育》中提出：“数学文化是社会群体在各种数学活动中所创造的物质财富和精神财富的总和。”其中的精神财富指的是数学思想、数学方法和观念等关于人类精神方面的内容，而物质财富则是指整个的数学知识体系。郑毓信、王宪昌等人在他们合编的《数学文化学》中指出，数学文化是数学共同体产生的文化效应，是一种因为职业因素联系起来的特殊群体（即数学共同体所特有的行为、观念和态度等），同时还特别强调了数学文化是一个开放的系统并非是自生自灭的封闭系统。

南开大学的顾沛教授在谈及数学文化时，从狭义和广义这两个方面做了比较系统而详细的阐释。有学者认为，数学文化包括物质产品和精神产品，这些物质和精神产品是人类在数学行为活动中所创造的，物质产品包括数学命题、数学方法等知识性成分；精神产品是指数学意识、思想和数学精神以及数学美等观念性成分，也有学者倾向于从内容上解释数学文化，他们认为数学文化是一个含义非常广泛的概念，同时也有不少学者认为数学文化其实就是一种人类文化，它是以现代数学体系为核心，以数学的思维、精神、知识、技术、理论、思维等以及相关文化领域所组成的人类文化。数学文化是一个具有强大精神与物质功能的动态系统。

以上观点都从不同得侧面论述了数学是一种文化，但从上面的各种论述可以看出，数学文化呈现的是开放的、多元的和动态的数学内部及其与外部的联系，它不仅仅只是数学外在的附属品，也不是简单意义上的“数学 + 文化”。数学文化从本质上来说，是一种科学语言，是人类以数学为工具用来认识世界和改造世界的思维工具、活动产品及理性精神，是数学在人类社会历史发展实践中所创造的物质财富和精神财富的积淀，是数学与人文精神的结合。

数学不仅是一类欣欣向荣的知识、一种精确通用的世界语言、一种有力的工具、一门关键的技术，还是一种有着丰富内涵的先进文化，但数学文化的定义至今还没有一个公认的统一界定。黄秦安认为，广义的数学文化可以表述为以数学科学为核心，以数学的思想、精神、方法、内容等所辐射的相关文化领域为有机组成部分的一个具有特定功能的动态系统。顾沛认为，狭义的数学文化应包含数学思想、数学精神、数学方法、数学观点、数学语言以及它们形成和发展的过程，广义上的数学文化还应包含数学史、数学中的美、数学家的生平事迹、数学教育、数学与各种学科之间的关系、数学发展中的人文成分等。上述从不同角度给出了数学文化的定义，虽表述不一致，但其本质是相通的。数学文化不仅包含具体的数学知识、数学运算、数学符号，还包含数学思想、数学精神、数学方法等，给人们认识世界改造世界提供科学的语言、必要的工具和思想方法。可见，数学文化是一种科学文化、一种理性文化，在教育中具有重要的科学与人文价值。

（三）数学文化的外延

通常我们从内涵与外延两方面对一个概念进行分析，内涵表述其本质特点，而外延说明其涵盖范围。

数学文化的内涵是以数学科学体系为核心，指数学的思想、精神、方法、观点以及它们的形成和发展. 而数学文化的外延则包括数学史、数学欣赏等。

数学史是研究数学科学发生发展及其规律的科学，简单地说就是研究数学的历史。它不仅追溯数学内容、思想和方法的演变、发展过程，而且还探索影响这种过程的各种因素，以及历史上数学科学的发展对人类文明所带来的影响。因此，数学史研究对象不仅包括具体的数学内容，而且涉及历史学、哲学、文化学、宗教等社会科学与人文科学内容，是一门交叉性学科。

张奠宙曾说过：数学教学和语文教学的一个重大的不同在于“欣赏”。数学欣赏作为数学文化外延的一部分，主要从数学的“真、善、美”三个维度展开并予以适当地组合，其中单独一个或任意两个的结合或三位一体都可以成为数学欣赏的对象。所谓数学的“真”，就是数学的真理属性，全部的数学知识都是以数学的真理性为依归的；而数学的“善”，则是衡量数学功用价值的一个重要尺度；至于数学的“美”，则是数学艺术价值的一种体现，其中，数学美包括简洁美、对称美、奇异美、和谐统一美。相对看来，数学的真、善、美是一个相互联系的欣赏整体。如三维状态下著名的拉普拉斯方程，既是最基本的偏微分方程形式，还是刻画电场、引力场和流场等有势场的最有效的数学物理方程。这样一个兼具数学的真与善的著名方程，其形式之美（对称、均匀、简洁、整齐、划一、齐次等）也是如此突出，真实地展现了在真善层面上的美妙，堪称数学的真、善、美合一。

具体地讲，数学欣赏还包含数学应用价值、数学精神、数学思想方法等方面的内容。其中，数学应用价值包括数学能解决日常生活的问题，数学在其他科学中有广泛应用，数学能推动社会发展等。

数学精神可以从人类从事数学活动（包括数学学习、数学研究、数学应用等）的意识、思维活动和一般心理状态和数学科学本身的内容实质、宗旨或主要意义两方面来界定。数学精神主要包括理性精神、求真精神和创新精神。依靠思维能力对感性材料进行一系列的抽象、分析和综合，以形成概念、判断或推理，这种认识称为理性认识。重视理性认识活动，以寻求事物的本质、规律及内部联系，这种精神称为理性精神。

数学思想方法是数学思想和数学方法的统称。数学思想是具有重要意义、内容比较丰富、体系相当完整的数学成果，如坐标思想、极限思想等；数学方法是指人们从事学习数学、研究数学和应用数学等数学活动是所使用的方法。一般来说，数学思想是人们对数学内容的本质认识，是对数学知识和数学方法的进一步抽象和概括，属于对数学规律的理性认识的范畴。而数学方法则是指解决数学问题的手段，具有“行为规则”的意义和一定的可操作性。同一个数学成果，当它去解决别的问题时，就称之为方法；当论及它在数学体系中的价值和意义时，称之为思想。欲将数学思想和数学方法严格区分开来是困难的，因此统称为数学思想方法。在中学课本中涉及的数学思想方法包括公理化、数形结合、演绎、归纳、类比、算法、随机抽象和样本估计总体、估算、导数、向量、合情推理、分析、综合、反证等。

此外，张文俊在《数学欣赏》中，从宏观的角度，以介绍数学的对象、内容、特点、思考方式、典型问题、典型方法为载体，通过深刻的分析及生动的实例，使读者领悟数学之魂、认识数学之功、经历数学之旅、欣赏数学之美、品味数学之趣、感受数学之妙、领略数学之奇、思考数学之问，准确、完整、科学地认识数学的实质，剖析数学的魅力，弄清数学的脉络与层次，体味数学思想方法的深刻性与普适性，以文化与美学的眼光欣赏数学知识，寓知识性、科学性、思想性、趣味性和应用性于一体，通俗却不失深刻，科学又不乏趣味。总之，数学文化的外延可以简单地理解为数学史和数学欣赏方面的内容。

二、数学文化的本质属性

数学文化是人类文化的有机组成部分，具有一般人类文化的共性。除了这些共有属性以外，数学文化还具备其独有的特征。正是这些独有特征，才使得数学文化与其他文化形态区别开来，使得人们可以更直观地认识数学文化的本质。概括地讲，数学文化的本质属性主要包括以下几点：

第一，数学文化是传播人类思想的一种基本方式。数学文化是人类智慧的光辉成果，可以说，数学文化的产生、发展和完善的历程，就是以数学视角展示人类在经济社会发展的过程中的历史文化形态的过程。M. 克莱茵曾经说过：许多历史学家通过数学这面镜子，了解了古代其他主要文化的特征。回顾数学史，我们会发现不同历史时期、不同民族之间的的文化传播，在很大程度上影响着古代数学的发展和交流。反过来，因为数学语言系统的统一性特点，尤其是数学结构体系构建以后，数学语言逐渐发展为一种世界甚至宇宙通用的语言，这就使得数学文化得以广泛传播。例如，科学家们相信数学是宇宙中关于空间和量的普遍科学，因此将数学符号和公式广泛运用于对外太空生物的探索方面。

第二，数学文化包含了人类语言创造的高级形式。彼得·伯格认为语言是一个社会中最重要的指号体系，它具有最强的明确和传递主观意义的能力。发展到了现代，因为数学语言是相对独立的语言系统，具有形式化、符号化、精确性、简洁性等特点，直接推动了计算机和人工智能技术的产生。

第三，数学文化具有相对的稳定性和连续性。数学文化因为其特殊的语言体系和发展规律，相对于其他文化形态而言，具有一定的相对独立性。虽然在数学的发展过程中，不断有理论和思想的更新和替换，但是数学体系的协调性和独立性一直得以维护和保持。因此我们说，稳定性和连续性是数学文化的一项本质属性。

第四，数学文化具有高度渗透性和无限发展的可能性。数学文化的渗透性主要包括内在和外显两种方式。数学发展过程中的每一次突破都极大启迪着人类的思维，影响着人类的认知。人们试图凭借数学理性精神来回答与人类自身存在有关的问题。数学文化发展的无限性体现在，因为人类社会发展的无限可能性，具体到数学这一学科，人们对数学规律的探索也是不断发展的，所有数学问题的解决和规律的认知都具有相对的意义。

三、数学文化的教育价值

数学不仅是一门精确的科学语言，也是一个有力的工具，更是一种先进的文化。数学在人类文明的进程中起着积极的推动作用，是人类文化发展的关键力量。数学不仅是物质文明的基石，更是精神文明的宝贵财富。20 世纪以来，数学已经成为联结自然科学与人文社会科学的纽带，扮演着沟通文理、兼容并蓄、弥合文化裂痕的文化使者的角色。随着科学技术的飞速发展及全球经济一体化的趋势，数学作为人类文化的共同财富，显示出其前所未有的世界文化风采。李大潜院士在为《数学文化小丛书》所作的序中指出："学好数学，不等于拼命做习题、背公式，而是要着重领会数学的思想方法和精神实质，了解数学在人类文明发展中所起的关键作用，自觉地接受数学文化的熏陶。只有这样，才能从根本上体现素质教育的要求，并为全民族思想文化素质的提高夯实基础。"因此，数学文化对于数学教育具有不可或缺的作用，是人类真正理解数学的一把钥匙。

古希腊伟大的哲学家柏拉图在公元前 387 年创办了一所哲学学校，后人称之为"柏拉图学园"，他对数学尤为重视，曾在学园的大门上赫然写着“不懂几何的人不得入内”。而该学园主要开设社会学、政治学和伦理学之类的课程，经常探讨的也都是一些关于政治、社会和道德方面的问题，显然这类课程与论题并不需要以几何知识或几何定理作为其学习或研究的工具。可见，柏拉图之所以要求他的学生学习几何知识，是着眼于数学文化教育的价值。他充分认识到，数学是人们认识世界改造世界的一个中介，数学文化对于人思维能力的培养、理性精神的培育、创造性才能的发展、综合素养的提升具有超凡的影响，不经过严格数学训练的人，很难深入学习他开设的课和高深的话题。

律师在英国享有极高的社会地位，但英国律师在大学里却要学习很多高等数学知识。一个文科专业为何要学习这么多高深的数学知识呢？这是因为他们认识到从事律师职业的人在经过严格的数学训练后，能养成一种认真仔细、客观公正的职业品格，并能形成一种严格而精确的思维习惯，这对从事律师职业取得成功大有助益。这个事例说明，英国已充分认识到数学的思想、方法、精神等在培养和造就一流人才中起到的关键性的作用。

美国的西点军校以培养高级将领而誉满全球，该军校在人才培养过程中开设了许多高深的数学课程，之所以这样，主要是他们充分认识到军事学员在经过严格的数学训练后，能把作战指挥中需要的特殊活力与灵活的机敏性结合起来，能有把握军事行动的能力与适应性，从而为他们驰骋于疆场打下坚实的基础。

日本著名数学教育家米山国藏研究发现：学生在学校学习的数学知识，若毕业后没什么机会用到，那么一两年之后这些知识几乎遗忘干净。然而，不管他们从事何种工作，他们在上学时学习掌握领悟感受到的数学精神、数学思想、数学方法、思考问题的着眼点等，却时刻在发挥着作用，使他们受益终身。上述典型事例充分说明了数学文化在培养人才、提高人的职业素养、增强综合能力方面具有的价值和深远意义。

职业教育特点在于职业性，着力于培养学生的职业素养、职业精神、人文精神和人文品格。数学文化中蕴含的人文精神，是启发人的心智、陶冶人的情操的重要内容。从希帕索斯发现无理数到希尔伯特的23个问题、费马大定理的证明到歌德巴赫猜想，所洋溢出的科学精神成为激励人们不断探索和进取的精神食粮；再如从数学的起源、发展、完善和应用的过程，所体现出来的理性精神成为人们思想和行动的指南。数学作为文化影响着个人的发展乃至整个社会的文明进程。高职数学教学必须重视数学文化的意义，积极将数学文化引入到高职数学教学中，让数学所承载的人文价值、文化现象以多种方式呈现给学生，使学生能更深刻地认识数学、理解数学，从数学的学习中获得数学文化的熏陶，为他们形成健全的人格提供必要的数学修养。

四、数学文化融入高职数学教学的策略

传统教育下的高等数学课，由于种种原因，经常只重视如何解题，重视结论而从来不重视结论的由来，重视计算结果而不重视其中的推理与思想。尤其高职的高等数学教育，只是让学生学到了一些抽象而又枯燥的数学符号、公式定理，而学生完全没有理解这些公式定理中所蕴含的数学文化，因为没有理解，所以只能从表面上解决几个题目，而不是形成自我特色的数学思维和理解能力，更不要说提高学生的数学素养，提高他们的数学文化水平了，因此这就从根本上阻碍了高职教育人才培养规格的提高，影响了素质教育的全面贯彻。因此，只有在高职数学教学的过程中渗透数学文化，向学生传递数学思想和数学文化，才能够培养出合乎未来发展的人才，才能有利于提高整个社会的文化素质。

（一）数学文化融入高职数学教学的必要性

应试教育的盛行产生的后果是很多学生害怕数学、厌弃数学，甚至做噩梦。根据调查，数学在学生的心目中就是“一堆定理、各种各样的符号游戏、各种繁难复杂的计算、刻板僵硬、枯燥无味”等。很多高职学生对数学课冷漠、厌恶，民办院校学生表现更为突出。高职学生数学基础普遍薄弱，学习兴趣不高。普及数学文化符合当前高职教育实际，通过数学文化潜意识影响促进学生对数学的理解，激发学习兴趣，促进学生形成正确的数学观，发展理性思维，培养应用意识，同时促进教学内容、教学方法的改革。从传统文化视角分析处理高职数学教学内容，融入数学文化教育，还数学自然发展规律与应用的原貌，这样处理会明显降低学习难度，具有较强的现实意义。

数学文化促进职业核心能力的提升。数学有两种品格，一种是工具品格，另一种是文化品格。自 18 世纪微积分诞生以来，数学的工具品格越来越凸显，这已得到了普遍认可。在这耀眼的光环下，数学的另一重要文化品格已被人们忽视，而这恰恰是学生形成职业核心能力的关键。职业核心能力具有普适性和可迁移性，当工作岗位发生变动时，工作人员所具备的这些能力都将随时随地发挥着作用。从众多数学家的研究中发现：经过勤奋努力的数学学习和严刻的数学训练，能让人具备一些独特的素质和能力。例如：②促进人数量观念的养成，通过数学的学习使人注意察觉事物数量方面的变化及其规律，让人在做决定时心中有数，不是凭感觉拍脑袋，不思考去做事情。②提高人的逻辑思维能力，使人做事思路清晰，条理分明。③培养高度抽象思维能力，面对错综复杂的现象，能抓住解决问题的关键与要领，有效地解决问题。④培养人做事认真细心、一丝不苟的工作作风和习惯，如数学上的推导运算对于正负号、小数点、括号等来不得半点马虎。⑤通过追求最低的条件、最简的证明、最有用的结论和最简洁美丽的结果，培养人形成精益求精、力求尽善尽美的习惯和风格。⑥让人们了解数学概念、方法、理论产生和发展的来龙去脉，了解领会数学在解决实际问题过程中的应用，培养人综合运用数学知识分析问题解决问题的意识、能力和习惯。⑦面对纷繁复杂问题时，通过分析矛盾理出头绪，善于运用不同方法去分析，直到最终解决问题。在此过程中，通过克服重重困难，增强人的拼搏精神和应变能力。⑧调动人的探索精神，培养发明创造的能力，使人更加机敏和主动。⑨培养直觉力和想象力，使人能够根据问题的本质特点，估计大致可能出现的结果，为实际决策提供借鉴和参考。

这些素质和能力是其他课程的学习无法替代或难以达到的，且这种素质和能力将伴随人的终身始终发挥作用，对培养高职学生职业核心能力至关重要。对于多数高职学生而言，他们也许没有足够的能力解决那些高深的数学问题，在他们的生活和工作中，也可能不需要很强的数学计算能力，但只要他能够理解数学探求真理、尊重真理的客观性的基本精神，对各种问题能以“数学方式”理性思考，善于对现实世界中的现象和过程进行合理的简化和量化，他在事实上便已经获得了对于人生相当宝贵的东西。

进入 21 世纪以来，世界上很多国家先后修订了中小学数学课程标准，对数学文化给予充分的关注。我国在《全日制义务教育数学课程标准（实验稿）》中指出：“在教给学生数学知识、技能、能力的基础上，强调数学历史、数学思想、数学方法、数学品质、数学创造、理性精神等的教育与渗透，培养数学思维能力和创新性才能，帮助学生了解数学在人类文明发展中的作用，使学生逐步形成正确的学习方法和态度、良好的学风和品德修养、正确的数学观和世界观等。”《普通高中课程标准》中已将数学文化作为教学内容的一个模块单独列出；《2017 年高考改革最新方案》中特别提出增加数学文化的要求；这些都充分显示出了数学文化的生命力和价值。数学文化在中小学中已如火如荼地开展着，高职作为中学教育的延伸，应该接过接力棒继续开展，做好数学文化的衔接。

（二）数学文化融入高职数学教学的策略

1．优化教学设计，让学生体验数学文化价值

（1）数学发展史上的重要事件与人物。数学文化是在数学发展的悠久历史当中一步步形成的，教师为学生解读数学发展史，让学生了解在数学领域从古至今有着重要影响的数学家与事件是将数学文化渗透到学生的思想当中必不可少的一大前提条件。在高职数学教学中，由于学生数学能力普遍较差，难免会存在上课积极性不高的状况，教师可以将数学发展史以故事的形式展开，吸引学生注意力，在讲述的过程中合理融入相关数学知识与其中的重要事件，将数学的重要作用烙刻于学生心中。例如，正式授课之前教师可以首先提问学生“对数学发展的过程了解多少”的问题，随后将数学发展史的四个阶段——形成期、初等数学、高等数学、现代数学列为框架一一展开，在其中适当地插入一些著名的人物与事件。比如，初等时期的代数与几何，高等数学时期牛顿与莱布尼茨的微积分……让学生在框架中一步步了解数学的形成过程，引发学习兴趣，为高职数学课堂的高效展开提供有利条件。

（2）讲解问题时适当融入数学方法。数学方法是数学文化的一种直接表现形式，也是数学思想的直接应用。它主要是指学生通过数学语言将事物与事物之间的状态、联系表述出来，并通过一定方法加以分析、推导、演算并解决的学习方法。在高职数学中，数学方法主要有分类法、换元法、消元法、坐标法、待定系数法等重要解题方法。基于高职学生数学基础差、抽象思维欠缺的现状，教师在教学前要积极仔细钻研各种教学方法，在课堂中

灵活运用，将学生难以理解的抽象问题经过一定的数学方法转化成简单具体的文字阐述或图形演示，以此来降低高职数学难度，同时提高学生运用数学方法分析、解决问题的能力。例如，题目“解不等式：$4^x+2^x-2\geqslant 0$”，但从题目来看，关于x幂的相关公式并没有学到，这时教师可以引导学生仔细观察2^x与4^x的关系，将其变形为“$2^{2x}+2^x-2\geqslant 0$”，随后设$2^x=t$，原式化为“$t^2+t-2\geqslant 0$”。如此一来，通过换元法在降低题目难度的同时，还无形中丰富了学生的解题思路，有利于学生数学思想的形成。

（3）以抽象思维培养学生数学审美意识。数学审美意识是数学思想的一大重要组成部分，也是培养学生数学文化的前提条件。数学是一门逻辑性强、理科思维的学科，但其简洁的公式、和谐的图像和真实实用的定理都极具审美价值。在以往教学当中，教师在数学课堂上通常将重心放在知识的讲解上，往往忽视了培养学生数学审美意识，导致学生闻“数”色变，较大程度地限制了数学文化的渗透，阻碍了高职数学教学水平的进一步提高。因此，教师要针对高职学生学习现状，突破传统模式下数学审美功能被逻辑、抽象等词代替的限制，深入挖掘数学所特有的文化底蕴来激发学生学习数学的热情，让数学从过去的枯燥无味转为生动形象，改正学生惧怕数学的尴尬局面。例如，在高职数学日常学习当中，三角函数图形如汹涌的波浪似的展开；互为反函数的图形关于直线$y=x$形成的对称图形；一根线段上取$\frac{\sqrt{5}-1}{2}$为黄金比例，等等，教师要在教学过程中精心挑选出符合数学审美价值的知识点展示给学生，以此来激发学生探索数学的兴趣。

2．借助教学辅助工具创设情境，加深数学文化渗透

（1）利用微课创造画面吸引兴趣。特定教学情境的创设为数学文化的形成与渗透提供了十分有利的教学条件，同时在良好的

教学氛围下也有利于教师调动学生情感，激发学习数学的兴趣。在教育技术日新月异发展的大背景下，先后涌现出一大批先进的教学辅助工具，其中微课凭借其操作简单、效果明显的特点被广泛应用到教学领域当中。在高职数学教学当中，学生难免会因为本身基础差而对数学提不起太高的兴趣，因此，教师在教学实践中要加强与学生的沟通，及时帮助学生排解学习上的困难。同时，在交流中了解学生的喜好并将其融合到教学设计当中，利用微课将教材上原有的单一文字知识转化成生动具体的动画或视频，便于学生理解的同时，使课堂进展更加轻松，无形中激发学生兴趣，提高课堂质量。例如，在学习“图形的变化”这一章节时，有关轴对称、中心对称的图形转化，教师可以体现在微课的动画演示上，让学生在视觉体验的基础上加深对图形变化的理解与运用，培养抽象思维。

（2）利用多媒体技术处理函数图像。运用多媒体技术创设画面、简化课堂是现代化教学的一大重要突破，其中多媒体技术的不断发展也为教师提供了图像、声音、动画、文字等多种形式，使教师的教学更加方便，有助于减轻教师教学负担。函数是高职数学教学中的一大重点内容，其中有关函数公式与其图像的题目对不少学生来说较为困难，尤其是我国高职教学模式本身还存在一定的缺陷，学生对太过抽象的函数题目难免会“知难而退”。因此，教师在教学过程中要细心钻研多媒体技术与函数图像的联系，巧妙将二者融合，将抽象的函数公式通过多媒体化为具体的图像变化，降低知识难度，加强数学文化的渗透。例如，求将直线 $y = 6x + 1$ 先上升平移五个单位，后向右平移三个单位，最后关于 $y = x$ 作对称后的函数。教师可以通过多媒体将原函数的图形在坐标轴中表示出来，随后按题目一一转化，得到最终图形后求解即可。通过多媒体解析图像变化来将题目化繁为简，帮助学生树立自信心。

（3）利用数学软件合理解析图形公式。在科学技术飞速发展的当今，一些高中数学辅助软件也在教学领域中崭露头角。教师在教学实践中合理利用数学软件，既能减轻备课负担，又能使知识更加简单易懂，是促进学生进行数学思考、渗透数学文化的有效教学手段。例如，适用高中阶段的超级画板和微软 Math 3.0，两者都具有操作简单、易上手的教学特点，尤其是前者的功能更加庞大，在动态几何的基础上涵盖了测量、动画显示等操作，对学生形成数学建模思想、渗透数学文化有着意想不到的作用。以“作出函数 $y = x^n + a$ ，$n = 1,2,3,\cdots$ 图像”的题目为例，教师可以利用上述数学软件在其函数方程对话框中分别输入 n 取 1，2，3，然后点击绘图按钮即可生成图像，方便教学，优化体验。同时，教师让学生细心观察 n 不同取值的图像差别，从中总结出图像整体变化规律，随后自行绘制大体图像，加深理解。

3．创造开放式课堂，发展学生数学思维

（1）通过自主合作探究学习，创新数学理念。自主合作探究式学习主要是指学生在教师给定的教学任务下，通过自主发现、分析、研究、合作、交流等形式解决问题，并在实践过程中逐步理解知识、培养情感、提升能力。数学学习是一个开放性的学习过程，也是以学生为主体的自主探究，数学文化的渗透离不开数学理念的创新，而创新的过程又离不开一系列的猜想、讨论、实践与科学论证。因此，教师在教学过程中，可以通过创造开放式的课堂来组织学生进行自主合作探究式学习，激发学习主动性，让学生在自主探索的基础上加深对数学知识的进一步理解，从而有效渗透数学文化，丰富数学思路。比如，在学习“三角函数”这一章节时，以边长为 1 的等腰直角三角形为例，根据勾股定理求出斜边长为 $\sqrt{2}$ ，将其代入公式求得 45° 角的正、余弦值，随后教师可以布置“在直角三角形中求 30° 角的正、余弦值”，让学生以小组形式自主探究，引导其由简及难，一步步摸清三角函数的知识。

（2）将生活搬进课堂，体验数学文化的实际应用。正所谓“知识来源于生活”，一个高效课堂的建立离不开与现实的紧密联系。数学这一门学科中的大多知识可以说与我们的日常生活息息相关，比如，利用函数图像求解线性规划问题、组合方程求解最优化问题等。目前，在我国高职数学教学中，还存在部分教师局限于课堂的封闭式教学现状，这样的教学模式不仅限制了学生思维发散，还阻碍了学生联系实际、运用数学的能力。因此，教师在教学实践中，要及时转变教学思路，突破传统教学模式的束缚，通过合理教学手段及资源将数学知识与实际生活进行有效融合，在丰富学生生活体验的同时，促进数学文化的渗透，提升学生分析、解决实际问题的能力。例如，在总结课上教师带领学生归纳函数的实际应用时，以指数函数的人口爆炸式增长来映射到我国 20 世纪的人口问题为例，鼓励学生以此为基础从身边生活中寻找与反比例函数、对数函数等其他形式的函数相联系的例子，加深对函数的实际应用能力，体验数学文化的实际应用。

（3）开放的教学评价体系，保障数学文化初步成果。科学、合理、开放的教学评价体系是课堂教学有效进行的重要保障，也是检验学生学习成果的一大关键指标。数学文化的形成是以学生为主体地位，教师在这个过程中充当组织引导者，但从我国高职数学教学现状来看，教学评价主体仅由教师组成，学生的疑惑与意见并未有效考虑在内，这样形成的单方面评价不但容易给教师造成繁重的教学压力，而且不能全方位地考量学生学习成果，限制了数学文化在学生头脑中的进一步渗透。因此，在高职数学实际教学过程中，教师在课上加强数学文化渗透、培养学生数学思想，在课下要主动完善教学评价体系，将评价主动权交给学生，从多方面综合意见形成教学专业性评估，为学生学习数学文化制订合理有效的个性化培养方案，让学生在学习技能的同时发展数学思维，保障学习成果。

数学文化作为数学发展的核心，对学生了解数学发展历史、把握数学知识、运用数学方法有着至关重要的作用。在我国高度重视高等职业教育发展的大背景下，教师在数学教学时要及时调整教学策略，开阔自身教学视野，时刻保持与先进教学理念同步发展；在课堂教学中，积极引用先进的教学辅助工具为学生创造良好的教学情境来激发学生学习主动性，活跃课堂氛围；在课下与学生建立良好的师生联系，了解学生数学学习上的困难，为其制订个性化培养方案，最终实现提高学生数学能力、提升高职教学水平的重要目标。

五、数学文化融入高职数学教学的主要方法

随着人们对数学文化认识的不断深入，数学文化的教育价值越来越受到广大数学教育工作者的关注和重视。近年来，随着我国高等教育大众化的进程，越来越多的学生接受高等职业教育，高等数学课作为传播和普及数学文化的重要桥梁，要让高职大学生了解数学对于世界的意义，人人学有用的数学，不同的人学不同的数学。简言之，高职数学课程应发挥两大功能，即文化功能和应用功能，其内涵是使学生打下相应的文化基础，获得适应岗位（群）及进一步发展需要的数学知识、方法及其应用技能，普及数学文化，培养数学素养，提高数学应用能力。

然而，作为文化素质教育重要组成部分的数学素质教育，如何在高职高专院校中开展是一个新课题，面临着诸多困难。在高职院校，我们面临的对象是中学数学本身学得不够好的学生群体。同时，高职院校的数学教育受到课时的限制、专业课对数学知识需求的制约，因此，高职的数学教育不可能成为严格意义上的数学学科教育，它只能是将数学作为一门文化来传授给学生。在提供给学生掌握和运用必需的数学知识以外，更多的是让学生了解数学发展的历史、数学家们奋斗的过程；让学生受到数学思想方

法的熏陶；用不同时空间的数学思想的对比来拓宽学生的视野，培养学生全方位的认识能力和思考弹性，让学生了解到不同文化背景下的数学观。著名数学家、沃尔夫奖获得者拉克斯指出：“在微积分里，学生可以直接体会到数学是确切表达科学思想的语言，可以直接学到科学是深远影响着数学发展的数学思想的源泉。”基于数学文化研究，高职数学教学不仅要使高职生掌握一定的数学知识和技能，而且还要提高高职生的数学素质，并使之感悟到终身受益的微积分中蕴含的人文精神。融入数学文化的高职数学教学有益于高职生忠诚、坚定、自信的意志品格的形成，有助于高职生职业观念的确立，可以解决高职学生终身学习意识和能力的培养、职业认识与态度问题，以适应瞬息万变的竞争需要而服务于社会。数学文化融入高职数学教学的方法可以从以下几个维度加以考虑。

（一）在介绍数学史中渗透数学文化

数学史是数学文化的主要承载者。数学史中的思想方法是数学中最重要、最美妙、最宝贵的东西。通过数学史的学习，帮助学生树立正确的数学观，养成正确的思维方式、严谨的科学态度和良好的科学精神，甚至可以渗入对学生的德育教育。如概率论虽起源于赌博，但最终服务于社会的每一个角落：彩票、保险、天气预报、海洋探险、宇宙飞船等。通过介绍概率论产生的背景、发展及其应用不仅可以激发学生的学习兴趣，增加学习数学的信心，而且可以告诉学生赌博实质和危害，教育学生远离赌博。在教学中可以从数学文化的视角对教材进行适当的改编和再设计，将数学史料，尤其是其中关键人物、事件和思想进行重新组织，充分挖掘其文化背景，将学生看不到却有价值的东西提炼出来，组织到教学内容中，帮助学生厘清知识的来龙去脉，提升学生的数学素养。

（二）在展示数学美中渗透数学文化

数学文化的美学特征是数学文化的重要内容，数学文化是学生接受美感熏陶的重要途径，对人的精神世界的陶冶起着潜移默化的影响作用。对数学文化的审美追求是数学发展的原动力。数学的美体现为数学符号、公式、图形中的简洁美，数学中的整体与部分、部分与部分间的和谐美，数学概念的智慧美，严密推理的逻辑美和难以言语的奇异美等。如《几何原本》中的几何学部分，那么多的知识却只用了几个定义和 10 条公理 (公设) 就勾勒出来了，这就是对简洁性的一种完美追求。数学家庞加莱曾说“数学的优美感不过就是问题的解答适合我们心灵需要产生的一种满足，感觉数学的美，感觉数和形的调和，感觉几何的优雅，这是所有数学家都知道的真心的美感”。如勾股定理 $a^2+b^2=c^2$ 、椭圆的标准方程 $\frac{x^2}{a^2}+\frac{y^2}{b^2}=1$，体现出数学的简洁美和对称美。又如牛顿—莱布尼茨公式，其公式为：$\int_a^b f(x)dx=F(b)-F(a)$，左边是定积分，而右边是原函数在左侧定积分上下限的差，虽然两边是完全不一样的概念，但却可建立起相等的联系，充分体现了数学的和谐美。如获得“最美的数学定理”称号的欧拉公式 $e^{i\pi}+1=0$，欧拉建立了数学中最重要的几个常数之间的绝妙的联系，包容得如此协调、有序，对它们的结合，人们始则惊诧，继而赞叹——确是“天作之合”。再如数学中的悖论，如理发师悖论、说谎者悖论等，展示出数学的奇异美。通过体味数学的简洁美、对称美、和谐美、统一美、奇异美等，让学生欣赏数学中的美，在美的享受中接受情感的体验、思维的启迪、情操的陶冶和思维品质的提升，培养他们实事求是的态度、勇于探索的创新精神、辨证的思维能力、高尚的审美情趣，促进人格个性的全面和谐发展。

（三）在数学思想方法中渗透数学文化

数学思想方法是数学知识的核心和本质，是数学素质的重要组成部分，也是数学人文精神的重要载体。一些重要的数学定理、数学方法，尤其是数学大师们创造性思维的过程，对培养学生创新意识，起着十分重要的作用。如定积分一章，从定积分的概念到微积分基本定理将数学思想体现得淋漓尽致。首先，莱布尼兹创造的数学符号 $\int_a^b$ 所蕴含的含义，积分符号 $\int$ 是字母 S 拉长而成的，S 是求“和”的英文“Summa”的首字母，表明定积分是一个特殊的求和过程，该符号内涵准确，形式简洁，$\int$ 还能表达出积分的上下限，这样的定积分符号既形象又好用。其次，定积分的定义也来源于生活，如怎样求曲边梯形的面积，通过分割——近似一求和——求极限这“四部曲”得到解决；在这一过程中，让学生体验到数学中“化整为零”“以直代曲”“以不规则代规则”的思想方法，享受高等数学中“有限”和“无限”手段的妙用，即用“有限”来刻画“无限”，反过来用“无限”来研究“有限”，让学生体会原来在“有限”的情况下做不到的事情，在“无限”的情况下就做到了，充分享受学数学的乐趣。最后，微积分基本定理的公式 $\int_a^b f(x)dx = F(b) - F(a)$，等式左侧是一个定积分，是一个特殊求和的极限，其背景是求面积、路程、质量或做功等；右侧是 $f(x)$ 的原函数 $f(x)$ 在左侧定积分上、下限的差，原函数是求导的逆运算，其背景是求切线、速度、密度或作用力等，而导数概念是差商的极限，所以，等号左侧是积分，右侧是微分。数学家通过这个公式将两个完全不同背景的概念用等号联结起来，揭示出它们之间的关系，即将求定积分的运算转化为求微分的运算，形成了“微积分基本定理”。将数学思想蕴含在数学知识当中，引导学生去发现概念与概念之间的联系、揭示大千世界的规律，从外在毫无联系的事物中去寻找出它们的内在联系，这就是创新能力培养。加强思想方法的学习可以强化学生创新理念，使之成为一生用之不竭的原动力。

（四）在数学应用中渗透数学文化

数学文化的价值不仅在于知识本身，更在于它的应用价值。在经济建设乃至整个社会的各个领域，数学发挥着关键的作用。比如数学中的“黄金分割”广泛应用于建筑设计、美术、音乐、艺术等方面；在设计工艺品或日用品的宽和长时，常常将宽与长的比设计成近似为 0.618，目的是突出它的美感；在拍照时，把主要景物摄在接近于画面的黄金分割点处，会显得更加协调、悦目；舞台上报幕员报幕时总是站在近于舞台的黄金分割点处，这样音响效果比较好，且显得自然大方；建筑师们将殿堂的高和宽按 0.618 的比例来设计，可使殿堂更加雄伟、壮丽，就连一扇门窗若设计为黄金矩形都会显得更加协调和令人赏心悦目；画家们按 0.618∶1 来设计腿长与身高的比例，画出的人体身材最优美，古希腊维纳斯女塑像及太阳神阿波罗的形象都通过故意延长双腿，使之与身高的比值为 0.618，从而创造出艺术美。随着社会的发展，数学的应用价值愈加凸显。从我们日常生活中的衣食住行到经济领域的证券、金融、保险，再到航空航天领域的卫星发射、航天飞机、太空站等处处都用到数学。数学学科与数学文化二者相互结合的最佳点即为数学应用教学。在应用教学中，结合教学内容，巧妙渗透数学文化。如杰文斯、瓦尔拉斯于 19 世纪中叶所提出的经济学“边际效用理论”中的“边际”实质上便是数学中的“导数”；诸多经济学家均是同时兼为数学家，如宏观经济学创始人凯恩斯；多数经济学都有理工或数学学位，数学运用能力较强，大部分均能运用数学方法来阐释经济理论。在微积分教学中，教师合理融合数学文化能够凸显数学知识的应用价值及意义，同时也有利于学生实现全面发展，符合高职院校教学改革要求。

数学应用意识是一种重要的数学素养。培养学生的数学应用意识，是高职数学课程改革的核心目标。让学生在解决实际问题的过程中深切感受数学与现实世界的紧密联系，将有助于学生形成良好的数学观，有利于透过问题的表象探寻其本质，用数学的眼光看问题，从数学的角度去思考问题，并学会用数学的方法去解决问题。

（五）在序言讲解中渗透数学文化

在高职微积分课堂教学中，序言的讲解对知识理解难度的降低、学生学习兴趣的激发极为重要。而在讲解序言内容过程中，教师结合实际，合理渗透数学文化，可有效活跃课堂教学气氛，激发学生的好奇心，吸引学生注意力，进而提高学生的参与教学活动的积极性。微积分的出现使数学世界整体面貌发生了很大变化，同时还对工程科学、自然科学产生巨大影响。现代力学、物理、电学、热学、光学等均与微积分存在密切关系。在微积分教学过程中，教师结合相关数学文化对序言进行深入讲解，使学生对微积分相关知识有更加全面、深入的了解，同时还可使枯燥的数学教学变得丰富多彩，激发学生的求知欲，为进一步教学活动实施奠定良好基础。

（六）在概念解析中渗透数学文化

在微积分教学中，部分概念形成自身便蕴含着独特的人文背景。概念解析过程中教师追溯其人文背景能够使学生学习数学知识的热情得到有效激发，深入感受蕴含于数学抽象概念中的丰富历史文化，同时还可使学生能够真正领略数学相关研究者探寻真理过程中体现出来的执着精神和坚强意志。因此，在教学中，教师需巧妙融合相关人文素材，结合现代教学设备、技术，在数学教学中对学生进行人文教育。借助多媒体播放视频，选用这样的方式对微积分中相关概念进行解析，不仅丰富了教学内容，使数学课堂教学变得趣味无穷，同时还可大大降低抽象数学概念的理解及记忆难度，增强学生的学习自信心，进而提高其学习数学知识的兴趣。

（七）在定理公式证明中渗透数学文化

微积分所涉及的相关公式、定理皆为众多数学领域研究者经过漫长、深入地研究逐渐形成的思想结晶，其为数学思想、知识的集中体现，同时也是数学教学的一个基本内容。每个数学定理、公式的产生及发展均为一段数学发展史。教师应该注意数学文化知识的拓展及延伸，通过对学生讲解这些与定理公式相关的数学文化知识，使学生对定理公式的研究、形成、发展历史有系统的了解，同时也能让学生能够积累更多文化知识，为其知识构架的形成奠定良好基础。

（八）在教学导入时渗透数学文化

导入是在教师引导下，在短时间内，让学生集中思想和精力投入到新的知识学习中去。良好的开端是成功的一半，好的导入能激发学生的学习积极性和求知欲。将数学文化导入课程，不仅能实现知识的连贯性和的整体性，而且具有趣味性和启发性。

案例 1　利用切线导入导数概念。

切线是个古老的数学问题，其研究直接推动了微积分概念的形成。在早期的物理学中需要研究光线在曲面上的入射角与反射角问题，在古希腊数学中一直争议牛头角与弓形角问题，17 世纪数学家遇到的两个曲线相交形成的夹角问题，这都需要切线的准确定义。法国数学家笛卡尔曾说“切线问题是我所知道的、甚至也是我一直想知道的最有用的也是最一般的问题”，在经历了一系列认知冲突后，数学家回到从圆的正多边形重新认识切线，在圆上保持一个顶点不变，以此做正三角形、正六边形、正十二边形、正二十四边形，正四十八边形、正九十六边形，观察保持不变的那个顶点所在边的位置变化情况，当边数不断变化时，保持顶点不变的那条边越来越接近切线位置，因此可以把切线定义为割线的极限位置。我们研究更一般的情形：曲线 $\ddot{u}=$ （ ）的切线，在 P 点 $(x_0,f(x_0))$ 作割线，与曲线另一交点为 Q $(x_0+\Delta x,f(x_0+\Delta x))$，则割线 PQ 的斜率为 $\dfrac{f(x_0+\Delta x)-f(x_0)}{\Delta x}$，当 Q 点无限接近 P 点，其极限位置 P 点，割线 PQ 就是过 P 点的切线，则切线的斜率 $k=\lim\limits_{\Delta x\to 0}\dfrac{f(x_0 \aleph\ x)\quad f(x_0)}{\Delta x}=\lim\limits_{\Delta x\to 0}\dfrac{\Delta y}{\Delta x}$。从而从几何意义引出导数概念。

案例 2　级数 $\sum\limits_{n=1}^{\infty}u_n$ 收敛、发散定义的引入。

在研究数列的基础上，物理学家、数学家总想研究一个无穷数列的和，于是有了级数概念，但是这个“和”是存在的吗？我们看一个算式：求 $1+2+4+8+16+\cdots$ 计算之前，我们有个初步判断，这个和是个正数，应该比较大。令 $s=1+2+4+8+16+\cdots$，等式两边同乘以 2 得，$2s=2+4+8+16+32\cdots$，后式错位减前式可得，s=−1，这显然错误的。类似的情况还有很多，如 $1-1+1-1+1-1+\cdots$，令 $s=1-1+1-1+1-1+\cdots$，$s=1-(1-1+1-1+1-1+\cdots)=1-s$，移项整理得 $s=\dfrac{1}{2}$，又是一个出乎意料的错误。但是在历史上，这些结果曾经有一段时间内被认为是对的，一些学者甚至给出了荒谬的解释。数学家们间或也有收敛或发散的考虑，但是却不以为然，直到 21 世纪初，数学家们才开始考虑分析的算术化和严格化，有了级数收敛与发散的概念（可利用数学史的相似性引入）。

（九）在讲解中渗透数学文化

讲解是教学的重要环节，通过讲解引导学生理解数学事实，形成概念，掌握定理、法则，掌握数学思想方法。讲解中融入数学文化，展示数学知识，挖掘题材中的数学文化内涵，揭示其蕴含的哲理，在帮助学生正确理解知识，激发学生兴趣，启发学生思维方面可以发挥积极作用。教学不仅让学生学习和掌握数学知识，更重要的是让学生对历史背景、基本概念、数学文化有更好的了解，能更好地了解数学的特点并认识到数学严密性的重要性，并对其思维方式和解决问题带来一些积极的影响。

案例 3 （导数定义）求函数 $f(x)=x^3$ 在 $x=1$ 处的导数 $f'(1)$。

由导数定义，

$$f'(1) \aleph \lim_{\Delta \ddot{u} \to \ddot{u}} \frac{\Delta y}{\aleph x} \quad \lim_{\Delta \to} \frac{f(1+\Delta x)-f(1)}{x} \quad \lim_{\Delta \to} \frac{(1+\Delta x)^3-1^3}{x}$$

$$= \lim_{\Delta x \to 0} \frac{3\Delta x+3(\Delta x)^2+(\Delta x)^3}{\Delta x} = \lim_{\Delta x \to 0} \left[3+(\Delta x)+(\Delta x)^2\right] = 3$$

微积分创始之初，牛顿处理方法是：令 $\Delta x \neq 0$，

$$\frac{\Delta y}{\Delta x} = \frac{f(1+\Delta x)-f(1)}{\Delta x} = \frac{(1+\Delta x)^3-1^3}{\Delta x} = \frac{3\Delta x+(\Delta x)^2+(\Delta x)^3}{\Delta x}$$

$$= (3+3(\Delta x)+(\Delta x)^2)$$

上式中令 $\Delta x = 0$，得 $f'(1)=3$。

17世纪，微积分一经问世，就显示出它锐利无比的非凡威力，但是牛顿的解法还是引起广泛的争议，英国大主教哲学家贝克莱就是反对者之一。贝克莱是一个博学的神学家，他的数学修养使他准确地抓住了当时微积分理论概念不清晰、运算缺乏严密逻辑基础的病。“增量 Δx 一会儿不是0，一会儿又是0……难道说是0的灵魂吗？这样的论证矛盾百出，上帝是不允许的。”也由此导致了第二次数学危机。其原因是微积分理论创立之初是不严格的，没有形成准确的无穷小量以及极限的概念。直到后来柯西、维尔斯特拉斯、拉格朗日等数学家完善了该理论，正是我们所学的极限理论“$\varepsilon-\delta$”语言的出现才消除了这一危机（点缀式融入与极限理论相呼应）。

案例4　设 $f(x)$ 是周期为 2π 的周期函数，请将 $f(x)=x^2$ $(-\pi\leqslant x\leqslant\pi)$ 展开为傅里叶级数，并求 $\sum_{n=1}^{\infty}\frac{1}{n^2}$。

所给函数满足狄里克莱收敛条件，$f(x)$ 在 $(-\infty,+\infty)$ 上处处连续，且 $f(x)$ 为偶函数，所以傅里叶系数 $b_n=0$。

$$a_0=\frac{2}{\pi}\int_0^{\pi}f(x)dx=\frac{2}{\pi}\int_0^{\pi}x^2dx=\frac{2}{3}\pi^2,$$

$$a_n=\frac{2}{\pi}\int_0^{\pi}f(x)\cos nxdx=\frac{2}{\pi}\int_0^{\pi}x^2\cos nxdx=\frac{4}{n^2}(-1)^n,$$

所以傅里叶展开式为：

$$f(x)=\frac{1}{3}\pi^2+\sum_{n=1}^{\infty}\frac{4}{n^2}(-1)^n\cos nx\ (-\infty<x<+\infty),$$

将 $x=\pi$ 代入上式，得

$$\pi^2=\frac{1}{3}\pi^2+\sum_{n=1}^{\infty}\frac{4}{n^2}(-1)^n\cos n\pi\text{，即}\sum_{n=1}^{\infty}\frac{1}{n^2}=\frac{1}{6}\pi^2\text{。}$$

也就是$1+\frac{1}{2^2}+\frac{1}{3^2}+\frac{1}{4^2}+\cdots+\frac{1}{n^2}+\cdots=\frac{1}{6}\pi^2$。从数学文化融入的角度看，这串数学式子$1+\frac{1}{2^2}+\frac{1}{3^2}+\frac{1}{4^2}+\cdots+\frac{1}{n^2}+\cdots=\frac{1}{6}\pi^2$，犹如大自然馈赠给我们的一串瑰丽的明珠，曾被美国《数学情报员》杂志评为最美数学公式之六（感受数学之美）。从这个等式中可以看到，左侧是有理数的加法，有理数四则运算应该是封闭的，也就是计算的最后结果应该是有理数，但是等式右侧得到的却是无理数，有理数与无理数这对矛盾体在$n\to\infty$时完美地统一起来，从这里我们看到了对立统一规律（数学与辩证法）。在这串优美的数学珍珠中，甚至我们可以感受到一句话：当数字按规律排列时就是数学，当数字自由跳跃时就是音乐（数学与艺术）。

求自然数倒数的平方和曾经是 17 世纪一个数学难题。1673 年英国皇家学会会长奥尔登·伯格在给莱布尼兹的通信中，请他帮助求出一个自然数平方倒数和。莱布尼兹未能求出，其间吸引了一大批数学家如约翰·贝努里父子、哥德巴赫、棣莫佛、斯特林等潜心研究。1689 年，瑞士数学家雅克比·贝努里公开征求答案，直到他逝世也未获得答案。18 世纪上半叶，欧拉在细心地观察研究后，巧妙地通过三角函数方程与代数方程的类比给出了结论，才使这一问题画上句号（引入数学史）。

（十）在习题中渗透数学文化

数学教学离不开习题教学，习题是学生认识、理解、掌握数学知识的重要途径，更是高等数学课程不可缺少的组成。通过习题训练学生数学思维，梳理知识，培养学生数学应用能力。通过在习题中融入数学文化，促使学生查阅文献资料，了解习题内容的相关背景资料，拓宽知识视野，培养学生独立思考能力和创新思维能力，培养勇于探索、严谨务实的精神。

案例5 两根电线杆之间的电线，由于其本身的重量，下垂成曲线形，此曲线为悬链线，适当选取坐标系，悬链线的方程位 $y = c \cdot ch\frac{x}{c}$，计算悬链线介于 $x=-b$ 到 $x=b$ 之间的一段弧长，并了解悬链线的背景资料及其应用。

利用弧长公式容易求得其解。通过这个习题，可让学生掌握以下知识点：

（1）学会利用积分的方法计算曲线的弧长。

（2）了解悬链线的背景资料。问题起源：达·芬奇不仅是意大利的著名画家，他画的《蒙娜丽莎》带给了世界永恒的微笑，而且他还是数学家、物理学家和机械工程师。他学识渊博，多才多艺，几乎在每个领域都有他的贡献。他还是数学上第一个使用加、减符号的人，他甚至认为："在科学上，凡是用不上数学的地方，凡是与数学没有交融的地方，都是不可靠的。"他本人在创作《蒙娜丽莎》时，认真地研究了主人公的心理，做了各种精确的数学计算，来确定人物的比例结构，以及半身人像与背景间关系的构图。当我们欣赏着达·芬奇的《抱银貂的女人》中脖颈上悬挂的黑色珍珠项链时，我们注意的是项链与女人相互映衬的美与光泽，而不会像他那样去苦苦思索这样一个问题：固定项链的两端，使其在重力的作用下自然下垂，那么项链所形成的曲线是什么？这就是著名的悬链线问题，达·芬奇还没有找到答案就去世了。大多数人认为悬链线是抛物线，其实，这只是重复了历史上数学家的错误而已。17世纪意大利著名天文学家伽利略、荷兰著名数学家吉拉尔都曾误认为链条的曲线是抛物线。1690年雅克比·贝努里提出悬链线问题，并向数学界征求答案。后来，德国大数学家莱布尼茨正确地给出了悬链线的曲线方程 $y = c \cdot ch\frac{x}{c}$，这正是一条双曲余弦曲线。随后雅克比·贝努里的弟弟约翰·贝努里也成功解决了悬链线问题，当时年仅 24 岁。

（3）了解悬链线的广泛应用。在科技馆看到的方轮自行车，其轨道为悬链线，保证了自行车的平稳运行。坐落在美国圣路易斯城市中心区的圣路易斯弧形拱门，是一个倒着的悬链线，也是美国向西开发的一个象征。美国旧金山金门桥是世界著名的桥梁之一，也是近代桥梁工程的一项奇迹，其设计利用了悬链线拱形结构。

（4）激发探求悬链线方程建模兴趣，为后继微分方程知识做好铺垫。

案例 6 正弦交流电 $i(t)=I_m\sin\varpi t$ 经过半波整流后得到的电流，$i(t)=\begin{cases} I_m\sin\varpi t & (0\leqslant t\leqslant\dfrac{\pi}{\varpi}) \\ 0 & (\dfrac{\pi}{\varpi}\leqslant t\leqslant\dfrac{2\pi}{\varpi}) \end{cases}$，求其平均值和有效值。

这是数学与专业结合的典型习题。这需要在数学课上专门展现并加以训练，以便将来能灵活自如地运用数学解决一些实际工程技术问题。通过这个习题，可让学生掌握以下知识和能力：

（1）学会利用积分的方法计算电流、电压的有效值及平均值，对口专业的学生很轻易回答出电压、电流的有效值，但是并不明白结论是如何得到的。通过学习微积分，能知其所以然。

（2）了解电器、电机所标注的电压、电流、功率等实际意义。

（3）让专业知识与高数课程对接，提高学生运用数学解决问题的能力。

总之，数学教育不应该只是一种简单的知识传授过程，同时也应该是一种文化交流活动。通过这样的教学，能使学生更加全面、系统地了解数学相关知识形成的来龙去脉，使学生获得更多的数学知识感性体验，使数学知识所蕴含的人类智慧、意志、精神等得到更好体现，进而促进数学文化价值得到更加充分的体现，激发学生求知欲，提升其学习数学知识的热情。数学文化与数学知识二者有机融合，能够有效解决数学教学枯燥乏味问题，降低知识理解、认知难度，提高教学有效性，同时可促进学生更好实现全面发展。学生在数学文化的交流中，充分感受和体验数学文化的魅力，接受数学文化的熏陶并产生共鸣，体会数学文化的品位。通过教学过程，将数学文化所承载的文化精神、人文精神、科学精神根植于学生的头脑中，才能更好地体现高职数学教学的精神，提升学生上学素养，培养学生的创新思维。

第二章　高职数学课程的定位

从人类发展的历史看，数学是一切科学技术的重要基础和有力工具。在当今大数据时代，人们更加依赖对各种信息与数据的统计、分析与处理，更加感受到数学知识在高端科技及日常工作与生活中的重要性，数学科学与人类生活的紧密联系使数学教育在各种类型与层次的教育中不可或缺。

一、新形势下学生可持续发展对数学的需求

当前，我国致力于推动高质量发展，壮大实体经济，需要数量充足的技术技能人才作为支撑。近两年来，肩负着传承技术技能、培养多样化人才职能的职业教育受到党和国家的高度重视，出台了一系列大力发展职业教育的政策措施。2019 年 1 月 24 日，国务院发布的《国家职业教育改革实施方案》明确指出，“职业教育与普通教育是两种不同教育类型，具有同等重要地位”。为落实《国家职业教育改革实施方案》，推进国家教学标准落地实施，提升职业教育质量，教育部 2019 年 6 月 18 日发布《教育部关于职业院校专业人才培养方案制订与实施工作的指导意见》（教职成〔2019〕13 号），其指导思想为“以习近平新时代中国特色社会主义思想为指导，深入贯彻党的十九大精神，按照全国教育大会部署，落实立德树人根本任务，坚持面向市场、服务发展、促进就业的办学方向，健全德技并修、工学结合育人机制，构建德智体

美劳全面发展的人才培养体系，突出职业教育的类型特点，深化产教融合、校企合作，推进教师、教材、教法改革，规范人才培养全过程，加快培养复合型技术技能人才”。同时提出“坚持育人为本，促进全面发展”的基本原则，要求全面推动习近平新时代中国特色社会主义思想进教材进课堂进头脑，积极培育和践行社会主义核心价值观。传授基础知识与培养专业能力并重，强化学生职业素养养成和专业技术积累，将专业精神、职业精神和工匠精神融入人才培养全过程。

从上述文件中我们可以看出，职业教育办学要遵循职业教育规律和学生身心发展规律，回归到学生的全面发展和能力培养。要确立发展导向的职业教育观，坚持“德技并修、全面发展”“服务发展、促进就业”的办学方向，以质量发展为核心，让学生“能就业”，更能“就好业”，加快推进职业教育现代化。落实立德树人根本任务，坚持养成教育与发展教育相结合，健全德技并修、工学结合的育人机制，将思想政治教育、职业道德和工匠精神培育融入教育教学全过程，处理好公共基础课程教学与专业课程教学、理论与实践的关系，注重实践教学，促进学生全面发展。遵循产业发展规律，人才培养要跟着产业升级而升级，坚持多方参与，产教融合、校企合作，将其落实到人才培养过程中，课程教学内容及时反映新知识、新技术、新工艺、新规范。

《国务院办公厅关于深化产教融合的若干意见》（国办发〔2017〕95号），强调构建教育和产业统筹融合发展格局，统筹职业教育与区域发展布局，促进教育链、人才链与产业链、创新链有机衔接。强化企业重要主体作用，促进产教供需双向对接。《教育部等六部门关于印发〈职业学校校企合作促进办法〉的通知》（教职成〔2018〕1号），在合作形式、促进措施对政府部门、行业主管部门、行业组织、学校的责、权、利等方面做了明确与规范。2018年9月10日的全国教育大会上，习总书记强调：要努力构建德智体美劳全面培养的教育体系，形成更高水平的人才培养体系，深刻阐释了我国教育事业“九个坚持”的规律性认识。

《教育部关于深化职业教育教学改革全面提高人才培养质量的若干意见》（教职成〔2015〕6号）中指出，要加强文化基础教育。发挥人文学科的独特育人优势，加强公共基础课与专业课间的相互融通和配合，注重学生文化素质、科学素养、综合职业能力和可持续发展能力培养。《教育部关于印发〈高等职业教育创新发展行动计划（2015—2018年）〉的通知》（教职成〔2015〕9号）在主要目标中提出要使得“发展质量持续提升”，要“融人文素养、职业精神、职业技能为一体的育人文化初步形成”。分析职业教育改革发展的要求，我们可得到下列关键词：创新、信息技术、人文素养、职业能力、可持续发展能力。大学生可持续发展是指“大学生作为个体的人在大学阶段及其以后的职业生涯中不断地发展和完善，其追求的目标是大学生的个体素质的不断完善、和谐和臻美”。大学生可持续发展能力主要包括“对社会的认知能力、自我教育能力、自我学习能力和创新能力”。

近年来，我国高等职业教育发展迅速，众所周知，高等职业教育具有高等教育和职业教育的双重属性，以培养生产、建设、服务和管理第一线的专业技能型高素质专门人才为主要任务。也就是说高等职业教育在高等教育中，类型是职业教育；在职业教育中，层次是高等教育。高教性体现在：高职教育必须具有高等教育的一般属性，注重基本知识、理论和技能，关注受教育者的可持续发展；职教性体现在：重视实践动手能力和分析、解决现场实际问题的能力。因此，在高职人才培养过程中，高等教育属性明确了高职数学课程开设的必要性，而职业教育属性说明高职数学必须面向工作实际、解决实际问题。要培养学生：用数学的眼光看世界，数学的思维分析世界、数学的语言诠释世界的能力。

高职数学最重要的作用是培养学生的逻辑思维能力、创新能力、应用能力，培养学生分析问题、解决问题的方法，全面提高学生的综合素质和能力。即职业教育在满足学生可持续发展要求与保持高等教育的前提下，应更加关注学生的不同职业能力的提高，更加注重学生的应用能力、再学习能力，更重视学生的创新精神。

在职业教育中，数学是各专业学生必修的一门重要基础理论课程，是各专业人才学好其他专业课程的基础和工具。它为学生学习后继课程奠定了坚实的基础。

二、高职数学课程在职业教育中的地位和作用

（一）数学是学生学习其他专业课的工具

数学的工具性是显而易见的，在整个职业教育中，数学是很多专业课的基础，如物理学、化学、生物学、医学、工程学和统计学等，它们的基础知识就是数学的微分方程。而数学中的微积分，它的应用更是遍布大多数专业课。此外，微积分的思想和分析方法，也被许多研究领域广泛使用，从质点的运动学到刚体的功和能，从静电场到稳恒磁场都要用到微积分的方法来解决问题。可见，数学已经渗透到人类社会的每一个角落，成为各类人才学习的通用工具和重要思想。

（二）数学不仅仅是学生学习专业课的工具，更是为学生今后的学习奠定思想与方法的基础

传统的观念只是把数学看成学生学习其他课程的基础和工具，然而对于实践性和技术性很强的职业院校来说，这种工具的作用已经不那么明显了。数学的作用何在呢？一位日本记者说过：“当一个学生走出校门后，如果不直接从事数学工作，不到两年，他所学的知识将全部忘记，但是，蕴含在他头脑中的数学思想方法，

却会对他的一生都起到非常重要的作用。”所以，数学课程不仅仅是提供一个工具，更重要的是提供了一种思想方法、一种理性的文化、一种探索的精神。所以，数学更重要的作用是培养学生的逻辑思维能力、创新能力、应用能力，培养学生分析问题、解决问题的方法，全面提高学生的综合素质和能力。

（三）作为职业教育的一门数学课程，数学必须承担起数学文化传承和数学素质培养的重任

长期以来，高职数学教育基本上是局限在工具价值或应用价值的层面上传统的数学“知识教育”。一方面，人们往往用功利的观点看待数学，将人类文化简单地划分为科学与人文两个截然不同的世界，将工具价值或应用价值看作高职数学教育的唯一价值，其教育和改革基本上是朝着以应用为目的的工具价值单一维度发展。在这种认识下，人们很少提及或真正把高职数学置于整个数学文化教育之中，难以看到数学与人文的交融，使得高职数学在文化素质教育中的重要功能被忽视。另一方面，人们往往用狭隘的观点理解教育部相关文件的内容：高职院校“基础理论教学要以应用为目的，以必需、够用为度”的原则。一些高职院校数学的课时一再减少，内容不断压缩和简化，把数学具有超越具体科学和普遍适用的公共基础重要地位排到次要地位。即使是目前仍然保留开设高职数学的专业，教师也只是讲授数学知识及其应用，对于数学与人文交融等一些基本数学文化内容很少提及。

在高职院校开设数学文化课程，是高职数学教育改革的新理念，是高职数学课程改革的创新，它有利于高职数学教育由数学知识教育转变为数学文化教育、建立起科学素质教育与人文素质教育的通道，有利于数学与人文的交融、提高高职学生的数学素养。高职数学的教与学在三个方面应该得到拓展：一是教学内容从数学知识拓展到数学文化。数学文化是数学创造之源，脱离了

文化之源，数学将不再有血有肉，而变得枯燥和乏味。传播数学文化需要以数学的知识为载体，它是数学文化不可分割的重要组成部分。数学文化教育是把教育内容从数学知识拓展到数学文化，让学生在接受数学文化教育中，学习数学家的探索精神、理想信念、人生价值观，领会数学思想。二是教师教育职责从教书自觉拓展到育人。教师的职责是教书育人，在数学文化教育中，教师将自觉地学习数学文化知识，用数学文化教育和培育人，激发学生对科学的热爱，树立正确的世界观，同时也体验教书育人的成就感。三是学生学习数学从接受数学知识拓展到接受数学文化熏陶。数学文化课程从多元文化的角度切入，为学生提供一种特殊的理解事物的思维方式——数学的理性思维，让学生学习和感受数学文化的熏陶，了解数学与人文的交叉、数学与各种文化的关系，体会数学的科学价值、应用价值、人文价值，提高数学素养、文化素养和思想素养。

三、高职数学课程定位的一些主要问题分析

（一）对“必需、够用”的理解

目前，在职业教育中，对数学的定位有些片面化，不少人片面理解为对数学的“必需、够用”要求的意义，而不清楚学习数学对于培养“实用型、应用型”人才的作用，更把数学教育作为一种训练学生思维能力及培养终身学习能力的作用丢在一边。思维上的必需、够用，方法上的必需、够用，即在让学生通过学习获得必需够用的数学知识的同时，还要让学生掌握必需、够用的数学思想方法。

（二）只重视其工具性的一面，忽视数学思想与方法的教与学

当前，多数高职学生对数学的思想、方法和精神的了解较为肤浅，更谈不上数学素养的提高，使得高职数学课程在培养学生数学素养的教育中出现缺位。很多高职院校的数学课程的教学从教学内容上把传授数学知识与数学思想、方法和精神分离，没有充分认识到数学思想是对数学知识本质的认识，是数学知识的核心、精髓和灵魂，对理解、掌握、运用数学知识和数学方法解决数学问题能起促进和深化作用。高职数学课程教学内容只从工具价值的意义上展开，教学唯一的主要内容是作为工具的数学知识，数学教育的视野没有扩大，数学教育的内涵没有拓展。因此，在教学中，教师主要考虑根据教材传授数学知识，而与数学思想、方法和精神讲授无关，同素质教育以及人的内心世界和理想信念无关，由此，数学失去了人文教育的内涵，数学失去了思想的灵魂，数学教育的过程失去了人文的魅力和以人为本的宗旨。

（三）对数学的应用性有所关注，但尚没有提升到数学是一门人文素质课程的高度

目前，很多职业院校的数学课程在教育体系上把数学知识教育与数学文化教育分离。高职数学教育体系单一地强调数学的知识，强调把数学作为人未来就业的一种工具，而没有看到数学的人文教育价值，忽略数学素养对人未来发展产生的重要影响。隔断了“文化与知识的联系，使数学脱离了产生和滋润它的数学文化的母体，培养学生数学素养的主体作用难以发挥”。

在教学目标上，也把人才培养目标与数学素养培养目标分离。人才培养目标单一地强调技能的培养，数学教学与数学学习缺乏与人文的联系，数学素质教育与人文素质教育缺乏有机融合。这

使得人才培养目标与数学素养培养失去关联，使教书与育人、学习与修身失去关联。许多学生学了多年的数学，并未掌握数学的精髓，对数学的思想、精神不了解，在现实生活中对数学方式的理性思维有何应用价值不清楚，基本的数学素养没有养成。因此，从以人为本、全面实施素质教育意义上说，高职数学教育在培养学生的数学素养上有所欠缺，需要从教育理念、课程改革上进行突破和创新。

四、高职数学课程的定位

（一）数学首先是一门人文素质课程

数学是人类文明发展史上理性智慧的精华，数学的文化即它的思想、精神、方法、观点、语言以及它们的形成和发展，是人类文化的重要组成部分，是人类进步所必需的文化素质和修养，在形成人类理性思维和促进个人智力发展的过程中发挥着独特的、不可替代的作用。职业教育绝不是一种等同于一般职业培训的纯功利性的教育活动。作为一种类型教育，职业教育依然要高举着教育以人为本、促进人的全面发展的大旗。作为职业教育的一门数学课程，数学必须承担起数学文化传承和数学素质培养的重任。

1．高职数学中蕴含的人文精神

首先，数学是目前现代人类文明中的一种非常有趣味性的文化，其中，高职数学中的思想内容、计算方法，表达语言等都是现代文明的重要组成部分，古巴比伦人将数学运用到自己的生产活动，后经人们的广泛应用与研究，形成了今天很重要的学科——数学。数学本质的多重性决定了“数学的价值不仅仅在于有直接的用处，而且在于为人的精神和道德发展做的贡献”。长久以来，我们的数学文化其实拥有着很丰富的文化内涵，但是，我们现在仍然还有很多人认为“数学＝逻辑”。在五百多年以前，就有外国著名数学家提出，数学的传统教育会面临严重的危机挑战。而数学教学也变得生硬与乏味，更像是一种解题训练。数学研究也逐渐变得抽象以及学科化，大大忽略了数学在生活方面的实际运用、和其他各个领域的息息相关。我们使用数学主要是为了解决日常生活中的问题，而不是单纯地去解题而已，我们的主要任务是完善和改进我们的生活。从这个方面来说，我们应该擅长的是解决自身生活中遇到的各种问题，而不是只会纸上谈兵，只会解题。和其他的文化现象没什么两样，数学文化在我们的日常生活中使用很广泛。马克思曾说过：一切科学只有在成功地运用数学时，才算达到了真正完善的地步。我们可以毫不夸张地断言：没有不需使用数学的科学，只有尚未使用数学的科学。各个大学里的数学课程本来应该是青少年同学比较偏喜爱的学科，却不幸成为了过滤的“筛网”、打人的“棍棒”。而优秀的数学文化，一定会像美丽动人的公主、游刃有余的灵魂、绝顶聪明的伙伴。

2．高职数学教学与人文素质教育相互融合的方法与方向

正如上文所说，数学本质上就蕴含着非常丰富的人文精神，而且高职数学的教学是要讲求教育规律和数学技巧的。我们要立足文化视野，在课堂中拓展文化育人功能，为此必须重构数学课堂的人文要素。高等数学课堂中的人文要素，就是要具有数学特质的人文精神，具体体现为：

（1）严谨的科学精神。高等数学中蕴含着严谨理性、求实求真、创新超越的科学精神。高等数学来自于实践，数学语言精确，数学结论精准，只坚守逻辑论证，不盲从任何权威，数学命题、定义、定理、公式等均体现出准确简明、缜密条理、朴实无华的特点，彰显出严谨理性的科学精神。在高等数学发展过程中，古今中外一代又一代的数学家们立足实践，站在其所处的时代前沿，

汲取前人研究成果，不断推进高等数学理论和实践创新，体现出严谨执着的科学精神。数学的思维方式、精神能使学生养成严谨、求真、诚信的科学态度，有助于培养学生一丝不苟的工作态度和强烈的社会责任感。

（2）哲学的智慧光芒。数学与哲学均产生于人类生产实践活动，纵观历史，二者形同姐妹，相互促进，携手发展。可以说，数学知识的形成过程也是哲学思想的发展过程，数学理论体系中无不闪现哲学思想的火花。高职数学中有很多闪耀哲学智慧光芒的人文要素。高等数学是变量数学，其中的定义、定理、归纳演绎、逻辑推理无不打着哲学的烙印。例如，高等数学中牛顿—莱布尼茨公式反映出的不定积分与定积分关系问题，牛顿和莱布尼茨将不定积分和定积分两个看似毫无关联的数学问题紧密联系在一起，反映出哲学中普遍联系的观点和对立统一的规律。高等数学中还蕴含了大量的辩证唯物主义的生动题材，如在概念方面有常量与变量、有限与无限、离散与连续、精确与近似等；在运算方面有微分与积分、映射与逆映射、收敛与发散等。数学的发展史更是矛盾中的历史，由希帕索斯悖论、贝克莱悖论、罗素悖论产生的对数学可靠性的怀疑，从而引发的三次数学危机等，都体现了数学中的哲学思想。用辩证唯物主义的观点看待对立与统一之间的转化，不仅能加深对问题的理解，而且有助于提高和发展学生的辩证思维能力，形成运动、转化、联系的意识，培养学生的辩证唯物主义的世界观，更好地唤起学生的创新意识，令数学学习更精彩。

（3）坚强的意志品格。高等数学的发展史，历经人类前赴后继的艰辛探索，其中富含数学家的情感意志等人文要素。如 18 世纪最杰出的数学家欧拉，由于思考和计算上的过度劳累，他的双目相继失明了，但他从来没有停止过科学研究工作，直到生命结束之前，他还在口述新的发现，让人笔录。他深邃精湛的知识、永远进取的精神和顽强拼搏的意志赢得了人们广泛的尊敬。学生在数学的学习过程中常常会遇到很多困难，每当弄懂一个难点，攻克一道难题，都会使学生产生奋斗、自信和成功的喜悦，逐步形成迎难而上、锲而不舍、坚忍不拔、勇攀高峰的意志品格。

（4）和谐的数学美。M. 克莱因就曾指出："进行数学创造的最主要的驱策力是对美的追求。"数学是美丽的，从古代到现代，丰富的、精美的数学内容越来越展现出美学的意义。数学的结构美、符号美、规律美、简洁美、奇异美、对称美、比例美，等等。美的内容和信息在高等数学中无处不在。另外，在数学中一个复杂问题的简单解答、一个困难问题的巧妙证明所展示出的抽象美、方法美等，都是值得欣赏并能促进审美能力提升的。

（二）数学应是学习其他专业课的工具课程

数学是刻画自然规律和社会规律的科学语言和有效工具，数学的语言、符号、图像、计算、估计、推理已经渗透到我们日常生活与公众之中，是我们分析问题、解决问题的有力工具。

数学知识的"必需、够用"为度具有明确的专业指向性。无论是就业还是今后继续深造，数学课程的这种工具性都使其成为专业课程体系中的必要组成部分。同时，在当今大数据时代，人们更加依赖对各种信息与数据的统计、分析与处理，更加感受到数学知识在高端科技及日常工作与生活中的重要性，数学科学与人类生活的紧密联系使数学教育在各种类型与层次的教育中不可或缺。因此数学课程在专业辅助、社会服务和创新发展上的独特工具性，应成为数学课程的一个基本定位。

（三）数学也可以说是一门职业核心能力课程

经过职业教育，一个"生物人"成为一个社会所需要的职业人，但又不仅仅是一个职业人，还是一个要生存、要发展的社会人。就业导向的职业教育既要为人的生存又要为人的发展打下坚实的基础，能力培养就发挥着至关重要的作用。职业能力可分为专业能力、方法能力和社会能力，其中方法能力和社会能力统称为职业核心能力。它是人们职业生涯中除岗位专业能力之外的基本能力，适用于各种职业，是伴随终身的可持续发展的能力。它是其他能力形成和发生作用的条件，是承载其他能力的基础。基于全面发展的能力观是职业教育的类型特征之一。以人为本、全面发展的职业教育强调获得专业能力，更要强调获得方法能力，尤其要强调获得社会能力。数学课程在培养学生的职业核心能力上有自己的优势。通过这门课程的学习，使学生的数字应用、信息处理、解决问题、自我学习、与人合作、与人交流等职业核心能力得到锻炼和提高。

数学课程在教学中必须注意培养学生如下四方面的能力：一是用数学思想、概念、方法消化吸收专业概念和专业原理的能力；二是把实际问题转化为数学模型的能力；三是求解数学模型的能力；四是创造性思维的能力。培养学生用数学思想、概念、方法消化吸收专业概念和专业原理的能力，必须重视数学概念的教学；培养学生把实际问题转化为数学模型的能力，必须重视数学建模训练；培养学生求解数学模型的能力，必须结合计算机和数学软件包进行数学教学。

（四）要形成具有职业教育特点的数学文化课程

按照现代数学研究，数学文化可以表述为以数学科学为核心，以数学的思想、精神、方法、内容等所辐射的相关文化领域为有机组成部分的一个具有特定功能的动态系统，其基本要素是数学及与数学有关的各种文化现象。数学文化研究开展以来，数学的抽象、确定、继承、简洁、统一的文化属性和渗透、传播、应用、预见的功能特征被挖掘出来，数学的艺术性也深深吸引了人们的眼球。然而这只是数学功能的外显式表现，数学文化研究表明，数学的起源、发展、完善和应用的过程对于人类产生重大的影响，既包括对于人的观念、思想和思维方式的一种潜移默化的作用，也包括在人类认识和发展数学的过程中体现出的探索精神。逻辑思维是人类特有的精神活动，是人所以能进行逻辑思考原因，而人的逻辑思维能力的养成与数学有着密切的关系。逻辑思维的过程实际上就是演绎或推理的过程，而演绎推理得以实现的前提是人们在意识中首先形成抽象的概念，即把概念从实体中抽象出来。数学课程目标上“以文化人”，强调“以数学的内容、思想、方法、精神来影响学生的思想、观念、行为、态度和精神，实现‘以数学来育人’的目的”。从这个意义上讲，数学课程的本质就是数学的历史与发展、思想与精神、知识与技能在教学实践中的再创造。

（五）要发挥课程对数学教师的引领作用

教师是课程改革设计与实施的主体，在课程改革过程中发挥着主导作用，因而，“寻求课程对教师的引领是课程功能发挥的有效前提”。第一，数学教师应具有符合职业教育规律、特点和要求的数学观、教育观和科学的课程改革价值取向。第二，“数学教师仅仅改进教学方法是不够的，必须对数学教学内容进行再创造，使之从高度抽象、枯燥呆板的形式中解放出来，走向生活，再现其与人类文明各个方面丰富多彩的联系”。即把数学在专业领域，在投资理财、信贷消费等生活领域，以及在社会服务与实践领域中的典型应用转化为教学案例，通过课程内容的加工与再创造，使数学课程能够融入专业、走进生活、服务社会、支撑发展。第三，课程对教师的引领作用还体现在教学情境的创设和实践平台的搭建。既要使课程“具有丰富的多样性、疑问性和启发性，并且需要达成一种促进探索的课堂气氛……”，又要使学生“有机会实践学习经验所隐含的那种行为”。通过理实结合、基于问题的任务驱动等教学模式以及现代教育技术手段的开发利用，走出传统、封闭的课堂思维，将数学文化的建构、传承与发扬，从“他组织”走向“自组织”，从而改变人们对数学课程敬而远之的状况。

五、高职数学有效课堂构建

坚定信心，深化教学观念转变，打造有效课堂。要转变传统的教学是“教师把知识、技能传授给学生的过程”的观念，转变教学局限于教书，课堂局限于讲授，讲授局限于教材的观念，树立教学就是“教学生学”“教，是为了不教”的观念，教学生“乐学”“会学”“学会”；其中“会学”是核心，要会自己学、会做中学、会思中学。

抓住核心，建立学生为中心的教学方式。提高人才培养质量是高职院校教育教学改革的终极目标，人才培养工作的最终落脚点在课堂、核心在课堂。课堂是教育教学的主战场和主阵地，高职院校要实现课堂革命，必须从课堂教学改革入手，改革课堂教学模式，落实有效教学。课堂教学改革的出发点和归宿点都要落脚到学生的发展上，坚持以学生发展为中心，以学生学习成果为导向检测学生的学习效果和教师的教学效果。教学方法之改革应致力于：从主要取决于怎么教向主要取决于怎么学转变，向以学为中心的教学模式转变，强调学生在教学中的主体地位，教师不再是知识的拥有者、传授者和控制者，而是教学过程的参与者、引导者和推动者；学生不再是知识的被动接受者，而是主动学习者、自主建构者、积极发现者和执着探索者，使学生在学习中有强烈的创新欲望，追求新的学习方法和思维方式，追求创造性的学习成果。坚持“教、学、做、用”相结合的原则，不断优化教学方法，提高教师的信息素养、信息技术应用能力及信息化教学能力，全面运用现代信息化教学方法，推行线上线下混合式教学，为有效课堂教学改革插上信息技术之翼。

筑牢恒心，持续改革教学模式。多数研究者结合实践经验及对学生学习规律的研究发现，职业院校学生往往喜欢用直观的、具象的事物来传递知识及传授技能的方法，通过实践获得职业能力。这需要我们基于学生认知规律，改革教学模式，开发教学资源，创设实践教学情境等，解决“怎样培养人”的问题。具体来说，教学目标上要强调知识、能力和素质三位一体；教学设计上要强调以工作任务为导向，以项目为载体，围绕工作任务的完成来阐述相关的理论知识与实践知识，将理论与实践统一到项目中来；组织教学上要强调学生独立完成任务与分组合作完成任务相结合的组织形式；教学评价上要强调依据学生完成的工作项目、任务的质量及学习态度，采取多方评价；教学资源上要强调职业情境的创设，同时，利用仿真操作软件、岗位工作的真实案例、完整的工作过程录像等资源服务理实一体化教学。我们要树牢改革无止境的思想，筑牢改革恒心，持续推进教育教学改革。

（一）成果导向下的有效课堂建设方案

提高人才培养质量是高职院校教育教学改革的终极目标，人才培养工作的最终落脚点在课堂。课堂是教育教学的主战场和主阵地，高职院校要实现课堂革命，必须从课堂教学改革入手，改革课堂教学模式，落实有效教学。以“推进有效教学、建设有效课堂”为目标，以提高课堂教学质量为核心，优化教学内容，深化教学方式方法改革，实现教学目标有效、教学内容有效、教学方法有效和教学评价有效，促进学生和教师共同发展，引导教师把“打造金课”作为毕生职业信念和不懈追求，将追求教学的有效性成为每一位教师的自觉行动。

1．基本原则

（1）坚持成果导向，学生发展为中心。课堂教学改革的出发点和归宿点都要落脚到学生的发展上，坚持以学生发展为中心，以学生学习成果为导向检测学生的学习效果和教师的教学效果。学习成果是学生在完成一段时间的学习后，被期望已知已会并能证明的知识、能力和素养。成果有显性成果和隐性成果，显性成果是完成的某个具体项目或作品或方案或实践任务等，隐性成果是养成的情感、态度、素养和价值观等。

（2）坚持整体设计、系统规划。根据学校有效课堂教学改革的总体目标，整体架构教学改革工作的框架思路，遵循教育教学规律、人才成长规律和产业发展规律，将课程建设、课堂教学改革、教师教学能力提升和教学资源建设等整体规划、同步推进。

（3）坚持分步推进与持续改进相结合。突出前瞻性、可行性和协同性，明确有效课堂建设的主要任务和要求，分步、分阶段有序推进，根据有效课堂实施的自身需要，不断反思、不断总结、不断改进，切实保障有效课堂教学改革的全面实施，不断提升学校教育教学质量。

2．主要建设任务

（1）深化教学观念转变。打造有效课堂，给课堂教学挤“水”添“金”，要将以教为中心的教学转变为以学为中心的教学，要转变传统的教学是“教师把知识、技能传授给学生的过程”的观念，转变教学局限于教书，课堂局限于讲授，讲授局限于教材的观念，树立教学就是“教学生学”“教，是为了不教”的观念，教学生“乐学”“会学”“学会”；其中“会学”是核心，要会自己学、会做中学、会思中学。

（2）深化教学内容改革。基于成果导向的有效课堂，教什么主要取决于学生的学习产出，要实现教学内容从教什么向学什么转变，从需求（包括国家、社会、行业、用人单位等外部需求和学校、学生等内部需求）开始，由需求决定培养目标，再由培养目标决定毕业要求，再由毕业要求决定课程体系，再由课程体系决定课程目标，再由课程目标决定教学内容。教学内容既要满足学生的多元成长需要，又要对接企业用人需求，对接最新职业标准、行业标准和岗位规范，与新技术、新产业、新业态、新模式同步变化，及时调整优化，增强开放性和灵活性，使教学内容"活"起来，实现教学内容常讲常新。

（3）深化教学方法改革。教学方法改革应致力于：从主要取决于怎么教向主要取决于怎么学转变，向以学为中心的教学模式转变，强调学生在教学中的主体地位，教师不再只是知识的拥有者、传授者和控制者，而是向教学过程的参与者、引导者和推动者转变；学生不再只是知识的被动接受者，而是向主动学习者、自主建构者、积极发现者和执着探索者转变，使学生在学习中有强烈的创新欲望，追求新的学习方法和思维方式，追求创造性的学习成果。坚持"教、学、做、用"相结合的原则，不断优化教学方法，提高教师的信息素养、信息技术应用能力及信息化教学能力，全面运用现代信息化教学方法，推行线上线下混合式教学，为有效课堂教学改革插上信息技术之翼。

（4）深化教学评价改革。教学评价要从主要取决于教得怎么样向主要取决于学得怎么样转变，遵循"以学论教"原则，以促进学生发展为宗旨。重视学生思维和素养的发展，注重学习过程的评价和学习成果的评价，注重评价主体的多元化和评价方式的多样化，强调评价内容的多元化，注重考查学生综合素质的发展，关注学生创新精神和实践能力的发展，对学生在学习过程中所表现出来的情感、学习策略、合作精神等因素进行全面的综合评价，而不仅仅是关注学生的学业成绩。

3．主要措施与要求

坚持“成果导向，学生中心，持续改进”的原则，以提高教师教学能力为本，以提高课堂教学质量为依归，一切教学行为服务于学生的成长成才，在工作过程中不断反思、不断总结、不断改进。按照“示范引领、分步推进、稳步实施、整体提高”的工作思路，将有效课堂建设的实施分两个阶段进行，具体如下：

（1）“优质课堂”建设。第一阶段以项目的形式进行“优质课堂”建设，将通过验收的“优质课堂”项目视为校级教学改革项目给予经费支持；建设期限为一学期，申报课程为专业人才培养方案现执行的课程。

每个项目结题验收时，应提交课程标准修订稿、教学设计详案、电子教案（PPT）和证明教育教学成效的相关材料（学生成果或作品、学生成绩、教师教学能力竞赛获奖、学生竞赛获奖等）。验收评价内容由提交的材料评价、督导听课评价（至少随机推门听课 2 次）和学生评价组成；项目立项后，项目组根据实际开展情况可报账立项经费 50% 的限额；验收合格项目可报账余下的立项经费，验收基本合格项目可报账余下立项经费的 70%，验收不合格项目撤销余下的立项经费。

（2）有效课堂认定。第二阶段由各二级教学院部自行组织有效课堂认证。各二级教学院部根据本实施方案，结合自身实际情况制订“有效课堂认证推进计划”，以“优质课堂”验收标准为参照，对本院部管理的所有课程的课堂教学进行有效性认证，确保质量，分批推进。要求各二级教学院部领导及专业带头人、教研室主任率先行动，做出表率。

（二）高职数学有效课堂构建方案

1．问题驱动教学模式

问题驱动教学就是教育者根据一定的教育目的，以项目案例为基本教学素材，将学习者引入教育实践的情境中，通过师生之间、学生之间的多向互动、平等对话和积极研讨等形式，从而提高学习者面对复杂教育情境的决策能力和行为能力的一系列教学方式的总和。其主要的教学过程为：问题（任务）提出→相关知识的学习→合作完成任务。“以问题驱动的应用数学研究，既不是纯基础，也不是纯应用，但却是沟通基础与应用的重要的关键环节”，我们结合教学实际，在教学中逐步形成问题（任务）驱动教学方法。

2．准确定位教学目标

众所周知，高职教育的目标是把学生培养成为具有一定理论知识和较强实践能力，面向基层，面向生产、服务和管理第一线职业岗位的实用型、技能型、创新型专门人才。我们的高职教育也不只是单纯地培养技术工人，而是培养有创新能力、创造能力、研发能力的新技术人才，即不仅教会学生使用工具，更重要的是要教会学生对所用的工具进行技术改进、进行创新，使他们有可持续发展能力、再学习的能力。也就是说，我们培养的人才应该是聪明的劳动者，在这个培养过程中，高职数学的学习对培养学生的上述能力是其他学科无法比拟的。高职数学的思想性与方法性对各类学生的发展均适用，且大有益处。所以，在教学中不仅要使学生掌握数学这一工具性知识，更要让学生把握数学特有的思想方法。

3．准确定位教学内容

高职高专的教学理念是“必需、够用”的原则，所以，很多人把高职数学的教学内容也理所应当地套上了“必需、够用”的帽子，应加以修正。多数人认为，所谓“必需、够用”就是对于高职数学这样的基础课来说，既然是专业课的工具，那就一切为专业课服务，对于专业课用得上的知识精讲精练；对于用不上的东西一带而过，或者干脆不提不讲。但笔者却认为，数学是一门逻辑性很强的学科，是呈阶梯性的学科，知识点的关联性极强，如果只挑对专业课的学习有用的知识来讲，无疑是为学生的知识体系建筑一个空中楼阁，华而不实。同时，由于高职高专的“必需、够用”原则中要求淡化严格论证，把学生从烦琐的数学推理中解脱出来，所以许多教师干脆不讲计算、证明过程，只让学生学习“结果”，因为觉得学生只要会用，则“够用”。但是，笔者认为所谓“必需、够用”，不是单单说知识上的必需、够用，更重要的是思维上的必需、够用，方法上的必需、够用，即在除了让学生通过学习获得必需、够用的高职数学知识的同时，还要让学生掌握必需、够用的数学思想方法，例如，大学物理研究的基础微元法正是在研究微积分的过程中所学到的方法。我们教学的目的是培养具有创新能力的高级人才，而不是获取知识、能得高分的机器人。此外，综合与分析法、完全与数学归纳法、演绎法、反证法、反例法无一不来源于对高职数学知识的研究过程。

学生学习数学不是为了研究数学本身，主要是运用数学，运用数学从事各种各样的研究和创新。数学建模与数学实训为数学理论联系实际开创了道路，是培养学生应用数学的意识、提高学生应用数学的兴趣和能力、培养学生的创新精神和创新能力的一个非常有效的重要途径，是数学教学中的一个重要教学环节。

高职数学中包含了许许多多的数学思想、方法，这是其他专业课无法相比的，在培养学生能力上它有得天独厚的优势。因此它在高等教育中特别在高职教育中是其他学科不能替代的。无怪乎古希腊的学者们认为：上帝是按照数学的法则创造世界的，数学的规律是宇宙格局的精髓，数学是开启宇宙奥秘之门的钥匙。数学从来被认为是冰冷的符号和逻辑推理。况且，现在各学科研究生的学习都要学习以高职数学为基础的其他数学分支，因此在高等职业教育中不能降低对高职数学的要求，不能把高职数学当成单纯的工具学科来学习。高职数学在教学中对教师的要求不仅是教学生一些公式、法则、知识点，更应该教给学生数学家们在解决问题过程中的一些数学思想、数学方法。要把抽象、繁杂的定理、公式用最简单的语言表述出来，使学生更容易理解。在讲解过程中，重点要讲概念形成的背景、过程，以及解决问题过程中用到了哪些数学思想、使用了什么样的方法。通过高职数学的学习，培养学生在学习其他课程的过程中分析问题、解决问题的能力，最终形成学生的终身学习能力。

4．准确定位教学方法

美国国家委员会在一份研究报告《人人关心数学教育的未来》中指出，好的教师不是在教数学，而是如何引导学生学数学，只有当学生通过自己的思考，建立起自己的理念的时候，才是真正学好了数学。我们在教学过程中的重点，不仅是只教一些公式解法，更重要的是教给学生解决问题的方法，教学要授之于渔，学生学到思想方法比单纯的学习知识更重要。我们教学的目的是培养具有创新能力的高级人才，而不是获取知识、能得高分的机器人，好的高职数学教学方法应当是强调学生主动学习的教学方法。从对教学目标与教学内容的定位的分析，我们确立了以下几种教学方法：

启发讲授式：讲授被认为是一种最传统的教学方法，但若没有讲授式的炉火纯青，就不可能有其他方法的游刃有余。在具体运用这种传统教学方法的同时，重点体现“启发”二字，尽可能模拟数学家的思路，让学生在顺其自然、合情合理的情景下亲历知识的生长过程，弄清概念的来龙去脉，最终回到数学的应用中去。在概念课、新课适合采用此方法。

探究式：教师为学生创设积极思考、引申、发挥的空间，促使学生以“发明家”的身份积极探索，发现问题、提出假设、验证假设，进而自己获取知识，引导学生从“未知”出发，逐层深入地分析找出“需知”，逐渐靠拢到“已知”，从而达到解决问题的目的，并总结规律。这一方法是针对比较熟悉和容易探究的内容，由教师提供素材和问题，让学生研究归纳结论。

自学—讨论—指导式：这种方法是针对学生有一定的知识结构，思想活跃，求新求异，但自学能力差，愿意自学但又不懂自学这一特点采用的方法。①自学：以作业方式布置，上课时准备10～15分钟。②讨论：由学生提出问题，在师生之间、学生之间充分讨论释疑。③指导：教师根据内容提出更高层次的问题，由学生思考、研究、解决，必要时教师予以点拨，让学生真正成为学习的主人。

学生研讨式：通俗地讲，就是学生讲课。这种方式比较适合学生较熟悉的内容、习题课进行。一方面，学生准备讲课的过程即主动学习的过程，不论是个人查阅资料还是寻求帮助获取信息，都是学生在自主探索、自主学习新知识；另一方面，鉴于上台授课的需要，他们又要运用所获取的新知识，使新的知识在获取的同时又投入到新的应用中。此外，在相互合作交流的过程中，学生们资源共享，丰富了学习资源。同时学生上台讲课培养了表达能力，增强了自信心，也使他们得到了尊重和认可，更进一步地激发了他们学习的主动性和积极性。

上述教学方法教师可结合教学内容及学生的实际情况灵活运用，这需要教师有较高的课堂调控能力和教学机智。另外教学方法中应注意：①教无定法。鼓励、提倡互动，提升学习兴趣，提高教学效果。②“教师为中心”→“学生为中心”。小组讨论≠缺乏学生独立思考的“众声喧哗”和“谈天说地”；学生代表发言≠缺乏共识的“个人观点”。

六、高职数学“课程思政”

(一)不忘初心,把握新时代人才培养的方向要求

牢记初心使命，落实立德树人，把握人才培养的方向要求。习近平总书记明确指出，培养什么人，是教育的首要问题。我国是中国共产党领导的社会主义国家，这就决定了我们的教育必须把培养社会主义建设者和接班人作为根本任务，这是我国教育现代化的方向目标，也是推进教育改革的逻辑起点。推进新时代教育改革，我们要在党的坚强领导下，全面贯彻党的教育方针，坚持社会主义办学方向，坚持扎根中国、融通中外，立足时代、面向未来，大力推进教育改革创新，切实以改革激活力、增动力，培养德智体美劳全面发展的社会主义建设者和接班人，加快教育现代化，建设教育强国，办好人民满意的教育。

树立“思政课程”与“课程思政”相统一的理念，大力推动以“课程思政”为目标的课堂教学改革，充分发挥各门课程的育人功能，实现学校全程育人、全方位育人和全员育人的大思政格局。要在课程体系设置上、课程标准设计中嵌入“课程思政”的内容和目标，要充分挖掘各门课程蕴含的思想政治教育元素；加强“课程思政”评价体系的建立，在课程建设、课程教学组织实施、课程质量评价体系建立中，注重将“课程思政”功能的增强和发挥作为一个首要因素和重要的监测指标。

学全过程。结合实际，各门课程应明确课程思政教学目标，修订完善课程标准，做好课程育人教学设计，创新教育教学和课程考核方式方法，健全课堂教学管理，不断完善教育教学规范。

4．主要措施与要求

以“课程思政”课堂教学改革项目为抓手推进学院课程思政教学改革工作，学校对“课程思政”建设项目视为校级教学改革项目，给予经费支持，建设期限半年至 1 年；申报课程为专业人才培养方案，现执行的除思政课程外的其他课程，课程学期开课课时为 20 课时以上（含 20 课时）。具体要求如下：

（1）创新课程教学建设，形成一套课程思政的教学文件。每门试点课程应撰写或修订体现“课程思政”改革思路的课程标准、教案等教学文件。

（2）创新课程团队建设，“课程思政”组建一支由试点课程教师与思政课教师共建的教学团队。每门试点课程应根据授课实际，对接一名思想政治理论课教师作为课程共建人，共建人应在试点课程的教案设计、教学资料、授课内容上给予指导和帮助。

（3）创新教学成果建设，建立一组课程思政教学案例库。每门试点课程应选编 3 ～ 5 个包含设计方案与实施成果的思政育人典型教学案例，编写具有课程特色的教学参考资料。

每个立项项目结题验收时，应提交课程标准修订稿、教学设计详案、典型教学案例（3 个以上，最好包含图片、文字等多种形式）及相应的教学参考资料、课程思政教学情况记录表（3 次以上）、本课程学生的反馈及感悟以及其他可体现改革成效的材料。项目立项后，项目组根据实际开展情况可报账立项经费 50% 的限额；验收合格项目可报账余下的立项经费，验收基本合格项目可报账余下立项经费的 70%，验收不合格项目撤销余下的立项经费。

附表：

表 2-1：“课程思政”课堂教学改革项目立项申报书

表 2-2：“课程思政”教学设计表（模板）

表 2-3：《****》课程思政育人典型教学案例（模板）

表 2-1　“课程思政”课堂教学改革项目立项申报书

课 程 名 称：________________________

课程负责人：________________________

课程共建人：________________________

课程建设期：________________________

所 在 单 位：________________________

****** 制

年　　月

一、课程基本情况

<table>
<tr><td colspan="7">1. 课程基本信息</td></tr>
<tr><td colspan="2">课程名称</td><td colspan="2"></td><td colspan="2">授课对象</td><td></td></tr>
<tr><td colspan="2">课程总学时</td><td></td><td>实践课时</td><td></td><td>开课学期</td><td></td></tr>
<tr><td colspan="2">选用教材</td><td colspan="5"></td></tr>
<tr><td colspan="2">课程开设历史
建设教改情况</td><td colspan="5"></td></tr>
<tr><td colspan="7">2. 课程团队基本信息</td></tr>
<tr><td rowspan="3">课程负责人</td><td>姓　名</td><td></td><td>性　别</td><td></td><td>出生年月</td><td></td></tr>
<tr><td>职称 / 职务</td><td></td><td>最后学位</td><td colspan="3"></td></tr>
<tr><td>手　机</td><td></td><td>电子邮箱</td><td colspan="3"></td></tr>
</table>

续表

<table>
<tr><td rowspan="3">课程共建人</td><td>姓　名</td><td></td><td>性　别</td><td></td><td>出生年月</td><td></td></tr>
<tr><td>职称 / 职务</td><td></td><td>最后学位</td><td colspan="3"></td></tr>
<tr><td>手　机</td><td></td><td>电子邮箱</td><td colspan="3"></td></tr>
</table>

<table>
<tr><td rowspan="5">教学团队成员</td><td>姓名</td><td>性别</td><td>出生年月</td><td>职称 / 职务</td><td>任务及分工</td></tr>
<tr><td></td><td></td><td></td><td></td><td></td></tr>
<tr><td></td><td></td><td></td><td></td><td></td></tr>
<tr><td></td><td></td><td></td><td></td><td></td></tr>
<tr><td></td><td></td><td></td><td></td><td></td></tr>
</table>

二、课程建设计划

<table>
<tr><td colspan="5">1. 课程目标</td></tr>
<tr><td>课程专业目标</td><td colspan="4"></td></tr>
<tr><td>课程育德目标</td><td colspan="4"></td></tr>
<tr><td colspan="5">2. 教学内容选择与安排
课程本身的知识内容与其中蕴含的思政育人素材，思政映射与融入点：描述课程教学中能将思想政治教育内容与专业知识技能教育内容有机融合的领域；授课形式与教学方法：描述诸如信息媒介、课堂讨论、考核方式等；教学成效：描述与课程育人目标对应的具体成效，尽可能可观察、可评估、让学生有获得感。</td></tr>
<tr><td>教学周次</td><td>授课要点</td><td>思政映射与融入点</td><td>授课形式与教学方法</td><td>预期成效</td></tr>
<tr><td></td><td></td><td></td><td></td><td></td></tr>
<tr><td></td><td></td><td></td><td></td><td></td></tr>
</table>

续表

教学方法与举措	1. ____ ____； 2. ____ ____； 3. ____ ____。 说明：达到“课程思政”教学目标和教育内容要求所采取的教学方法与具体举措。

表 2-3 《**》课程思政育人典型教学案例（模板）**

课程名称：　　　　　　　　授课对象：

课程总学时：　　　　　　　课程负责人：

案例执笔人：　　　　　　　案例审核人：

案例名称	
案例主题	
案例结合的知识点或技能点	
案例意义（简述案例反映的思政映射与融入点，明确案例选用的意义，字数不超过 300 字）	
案例描述（对案例进行概括描述，包括教学具体内容，教学方法等设计方案，字数不超过 1500 字）	

续表

案例反思（简要评析案例教学的实施效果及成果，结合教学实际进行教学反思概述，字数不超过500字）

（三）高职数学课程思政的策略

高职数学“课程思政”不必拘泥于政治课程的形式，它可以在课程的任何环节中以任何形式进行，可以是课前对热点时事、新闻的探讨，也可以是课中贯穿数学名人事迹的品德行为影响，还可是课后对某一现状的讨论感想等。“课程思政”也不必拘泥于政治理论或书本知识，可以是热点新闻、名人逸事等一切可以提升学生三观、传递正能量的内容。

1．与教学内容相结合，以引例形式进行

无论哪种课程，在课堂上最重要的还是传授该学科的知识，在传授学科知识的同时进行思政教育才是该有的形式。在高等数学课程的某些章节内容中，可以在新课引例内容中适当进行相应的思想教育。例如，在讲授导数的概念这部分内容时，多数以变速直线运动过程中的瞬时速度计算为引例，因此可以适当引用现实生活中因超速行驶造成重大的交通事故为情景导入，如以南京“620”宝马案为题，播放事故现场的视频，随后给出交警出具的事故处理报告，指出事故造成的原因为车辆行驶通过路口时，车速竟然达到 195.2 公里 / 小时，这明显属于超速行驶。顺便指出超速驾驶甚至是违章驾驶的危害，让学生明白养成遵守交通法规的重要性。随后指出，事件中的“车速高达 195.2 公里 / 小时”即为变速运动中的瞬时速度，而对于变速运动中的瞬时速度该如何求？以此引出导数的概念。

2．以数学文化为背景，贯穿立德树人教育目标

随着教学改革的深入进行，在数学课堂中引入数学文化已成一种常态。这不仅可以丰富课堂教学内容，还可以缩小学生与数学知识的距离感，使他们对一些定理或者定义的提出不再陌生。其中，数学家的事迹更容易为学生所接受。例如在讲极限概念时，为了让学生体会极限的思想，往往会提到“割圆术”，这时可以引入刘徽的事迹。刘徽，祖籍山东滨州邹平，是中国古典数学理论的奠基人之一。他的著作《九章算术注》和《海岛算经》，是中国古代最宝贵的数学遗产。刘徽虽地位低下，但他刻苦探求数学一生，拥有高尚的人格。他提出的很多位于世界先进之列的数学方法，如分数四则运算、解联立方程组、计算几何图形的体积面积、正负数运算等。在几何学上，刘徽提出的“割圆术”给出了正确求解圆的面积和周长的计算方法，并从中科学地计算出了圆周率 π 的数值为 3.1416，这种计算方法比其他国家早了 1000 多年，在世界数学领域处于领先地位。以学生熟知的数学家的努力钻研和无私奉献精神为切入点，可以引导学生形成良好的钻研学习和多做思考的习惯，以数学家的高尚人格和优良品质为榜样，贯穿立德树人教育目标。

3．以数学哲学来进行思政教育引导

当高职学生遇到相对复杂的各类疑难问题的时候，同样可以充分利用数学文化精神以及数学思维方式，以有条不紊的思维方式为前提，实现一丝不苟的工作作风以及中规中矩的规范意识。进行高职数学的过程中，特别是“归纳法”，以及“一题多解”的过程更是能够激励学生必须借助通过对数学哲学的感知来实现思政教育的有效引导。而数学教学中的直线与曲线、积分与微分、

变量与常量等都蕴含了无尽的辩证思维。例如，在尽心曲边梯形面积的计算过程中，教师就可以以此作为契机，通过演示量变到质变的转化，将一些被分割的小曲边梯形进行直线计算，以此求得梯形面积的近似值，再通过这种梯形面积的求和，最终取得整个曲边梯形面积的近似值。当小曲边梯形数量 n 的取值越来越大的时候，小矩形的底就会变得越发的短小、而其面近似值的精度也随之提高。相信在这种数学案例教学的过程中，不仅可以有效地引导学生理解量变向质变的相关知识，同时也能够以一种客观、严谨的数学哲学意识来引导学生对数学知识产生更加良好的理解和掌握，通过这种循序渐进的方式来增强他们对规范、量变产生的客观认知，并以此作为契机来养成一种在未来的工作与实践中，通过实事求是、顽强拼搏的思想品德参与到各项社会主义建设当中来。

4．在高职数学教育中渗透美育的思政认知

美育对与新时期下的思想政治教育而言，同样具有十分重要的推进作用，归于广大高职院校的学生而言，他们不仅要对数学知识、数学概念展开综合应用，同时也应当透过数学这门学科来实现对美育的理解和应用。所以在进行日常高职数学教学实践推进的过程中，广大数学教师必须要通过对数学教材的多元化研究来提升整个教育体系的趣味性以及实践性，在有针对性的引导过程中帮助更多的高职学生能够通过数学这一理性认知途径来感知数学之美、人文之美，以此来形成更加具体、独特的思想政治认知提升。例如，在进行对称图形的相关知识体系学习过程中，教师就可以通过展示一些著名的建筑物以及几何抽象油画作品，引导广大高职学生在这些图形的学习当中感知抽象之美、几何之美、和谐美，最终实现对数学学习热忱的调动，同时也能够借助一种民主快乐的学习氛围实现一个质的飞跃。在进行此类思政教学引入的过程中，广大高职数学教师必须通过对既定的数学教育目标作为指引，结合多媒体教学软件的应用来对一些建筑物上面所展示的几何图形进行深度研究，通过替换、改变、扭转与计算等方式来在体验成功的过程中，感受到数学的多元性与多样性，在不断成功体验的同时对数学以及其他学科的认知产生更加立体的感受。也只有这样，高职教学中的数学课堂才可以借助思想政治教学来激发出内在的美育生命活力，让学生在接受美好高职数学教育同时去欣赏数学之美、体验创造之美。

5. 课后内容拓展的“思考题+个人感想”形式

课后内容拓展是对课堂所学知识的一种理解再运用，是对知识的一种再升华。通过课后拓展，学生可以在巩固新知识的同时，锻炼和促进学生对知识的反思及应用、巩固练习学生的发散思维、为后续知识的学习打下良好的基础，也使学生认识到数学知识的实际有用性，做到由理性到感性、从理论到实践的良性过渡。例如，学习古典概型概率计算公式时，让学生以学习小组为实践单位，调查体彩和福彩的某一彩种的中奖规则，计算该彩种各种奖项的中奖概率，并发表对“靠买彩票发家致富”的看法和感想，形成一篇论文。这种拓展形式不仅符合课程改革“多元化课程考核方式”的要求，在巩固知识的同时让学生认识到生活中应该脚踏实地，不应投机取巧。

6. 以微视频的形式播放相关新闻，提高学生对数学课程地位的认识

现阶段数学课程不受重视的原因主要是“数学无用论”的盛行，很多学生认为数学离开了校园对以后的生活和工作的帮助都不大，现在学习只是为了应付各种考试。因此学生对数学的态度越来越冷淡，对数学课程的学习越来越不屑一顾。要想改变这种现状，首要的是提高学生对数学课程地位的认识。例如，可以播放华为总裁任正非在接受媒体采访时的视频讲话，他强调基础教

育的重要性，指出“中国将来要和美国竞争，唯有提高教育”。而基础教育中，他尤其强调数学的重要性。之前的采访中任正非曾说“将来退休后，想找个好大学，去学数学”。“我认为用物理方法来解决问题已趋近饱和，要重视数学方法的突起”。华为在全球设有 26 个研究所，其中位于俄罗斯、法国的研究所重点研究数学算法，挖掘基础数学资源，共计拥有 700 多名在职数学家。这一强大的科研团队支撑着华为真正的核心技术。现在开启的 5G 时代，数学是一把关键钥匙，就连华为惊艳世界的 P30 手机照相技术，也是一种数学算法。通过学生熟悉的案例，让学生切实体会到数学课程的重要性。

高职数学在高职教育中的地位与作用，决定了高职数学教学应做到：强化一定的数学素养，培养一定的数学能力，以服务于专业为本，传授必需的数学知识，掌握必要的数学技术。数学素养是指人们通过数学教育所获得的数学品质，它也是一种文化素养。南开大学顾沛教授说：“很多年的数学学习后，那些数学公式、定理、解题方法也许都会被忘记，但是形成的数学素养却终身受用。”数学素养就是把所学的数学知识都排除或忘掉后剩下的东西，即数学素养是一种数学习惯，是一种积久养成的具有数学悟性、数学意识和数学思维的处理问题的方式。一个具有良好数学素养的人在解决问题时，比他人具有更强的优势和能力。他们善于把问题概念化、抽象化、模式化，在讨论问题、观察问题、认识问题和解决问题过程中，善于抓住本质，厘清关系，找出办法并推广应用。所以，在高职数学教学中，应注重强化学生的数学素养，这对提高学生职业能力和解决专业实际问题的能力大有益处。在教学中，要注重数学文化的熏陶，结合数学史、数学家故事、数学美等内容，激发学生学习数学的兴趣，感悟数学文化的魅力。要通过严格的训练，让学生逐步领会数学的精神实质和思想方法，在潜移默化中积累优良的数学修养。要结合专业知识开展多样化的数学活动，提高解决实际问题的能力，培养自己的数学意识和数学悟性。

数学家波尔达斯 (Bordas) 指出“没有哲学，难以得知数学的深度，当然也难以得知哲学的深度，两者相互依存. 还应特别指出，如果既没有数学又无哲学，则就不能认识任何事物”。正是由于数学与哲学具有如此的密切联系，因此在数学教学的过程中，要自觉地研究数学与哲学的内在联系，了解哲学思想在数学上的具体表现。除了学习和掌握数学的思想和方法外，还应学会从哲学角度进行适度的辩证剖析，并深刻地理解其实质，把握其精髓，增强运用数学思想和数学方法去分析问题和解决问题的能力。

数学不仅是一种工具，也是一种思维模式，即“数学方式的辩证思维”。

数学不仅是一门科学，也是一种文化，即“数学文化”。

数学不仅是一些知识，也是一种素质，即“数学素质”。

第三章 高职数学教学中的数学思想与方法

数学是研究现实世界数量关系和空间形式的科学，它的特点不仅在于概念的抽象性、逻辑的严密性、结论的明确性和体系的完整性，还在于它应用的广泛性。在当今社会，数学几乎渗透到各个科学领域，数学思想也随之渗入各个思想领域；反过来，各个科学领域的思想也反作用于数学思想，极大地促进了数学思想的发展。数学思想是人类思想文化宝库中的瑰宝，是数学的精髓。它融合在数学知识和方法中，对数学教育具有决定性的指导意义。著名的日本数学家米山国藏也说过："不管从事什么工作，那种铭刻于头脑中的数学精神和数学思想，却长期在工作生活中发挥着作用。"思想指导方法，方法升华为思想"是马列主义哲学理论的基本观点。

一、数学思想的含义

数学思想作为数学课程论的一个重要概念，有必要对它的内涵和外延形成较为明确的认识。

关于这个概念的内涵，可以认为：数学思想，是人们对数学科学研究的本质及规律的深刻认识，这种认识的主体是人类历史上过去、现在以及将来的有名与无名数学家；而认识的客体，则包括数学知识的对象及其特性，研究途径与方法的特点，研究成就的精神文化价值及对物质世界的实际作用，内部各种成果或结论之间的相互关联和相互支持的关系等，是人们在建立数学理论或解决数学问题时所用到的一些思想。

关于这个概念的外延，可以认为：从量的方面说，有宏观、中观、微观之分。属于宏观的，有数学观（数学的起源与发展，数学的本质和特征，与现实世界的关系）、数学在科学中的文化地位、数学方法的认识论、方法论……；属于中观的，有关于数学内部各个部门之间的分野与合流的原因及后果，各个分支发展过程中积淀下来的内容上的对立与统一的相克相生关系等；属于微观的，则包含着关于各个分支及各种体系结构中特定内容和方法的认识，包括对所创立的新概念、新模型、新方法和新理论的认识。

从质的方面说，还可分成表层认识与深层认识，局部认识和全部认识，孤立认识和整体认识，静态认识与动态认识，唯心认识与唯物认识等。

数学思想一般可以分成三类：

第一类是对数学本质的认识方面的思想，它回答“数学是什么”的问题；

第二类是关于数学的地位、作用和发展方面的思想，它回答“数学向何处去”的问题；

第三类是解决具体的数学问题的思想，它回答“数学怎样论证”的问题。

我国著名的数学家徐利治教授提出了“宏观数学方法论”和“微观数学方法论”的划分。根据徐教授的划分，第一类、第二类数学思想应属于宏观的数学方法论，主要研究数学发展的规律；第三类的数学思想则应属于微观的数学方法论，主要研究数学中的发现、发明与创新等法则。

本书主要讨论第三类数学思想，我们把它简称为数学解题思想与方法，主要是解决具体数学问题时用到的一些思想方法。具体的数学思想，名目繁多，比较常见的有：函数思想、方程思想、构造思想、转化思想、数学模型思想、数形结合思想、公理化思想、归纳思想、极限思想、逼近思想、递归思想、优化思想、随机思想、划分思想、集合思想、映射思想、特殊化思想等。本章将主要介绍高职数学教学中较常遇见的数学思想与方法。

下面我们用一个著名的例子“七桥问题”来说明什么是数学解题思想。

18 世纪东普鲁士的哥尼斯堡市内（现属立陶宛共和国）有一条河，名叫帕瑞格尔河。河中有两个小岛，连接这两个岛有一座桥，连接两岸与两岛还有六座桥，总共七座桥（如图 3–1）。

人们常常从桥上走过，于是就产生一个有趣的问题：能否依次走完七座桥，但在每座桥上只走一次？或者说一个散步者能否从某一块陆地出发，不重复地经过每座桥一次，最后回到原来的出发点。

这就是著名的哥尼斯堡七桥问题。

这个问题刺激了许多人的好奇心，吸引了许许多多的人来试试看，但是日复一日，谁也没有成功。

1736 年，这个问题在瑞士数学家欧拉那里得到了圆满的解决。欧拉毕竟是一位数学家，他的解题思路与常人不同，并没有再去重复人们已多次失败了的试验。他是这样入手的：他把两个岛都设想为点，并且，河的两岸也可想象为点，而这些桥则可想象为连接这些点的线。每边的河岸都与其中一个岛有两座桥连接。另一个岛与两岸分别只有一座桥，于是都只有一条线连接。两岛之间只有一座桥，那么连接两岛之间的线也只有一条。于是，实际的哥尼斯堡七桥问题可转化为如下图形（如图 3–2）。

图 3–2 中有 A、B、C、D 四点和连接这四点的七条线，这四点分别代表两岸和两岛。图 3–2 中的 A、B 两点就代表实际的 A、B 两岛。

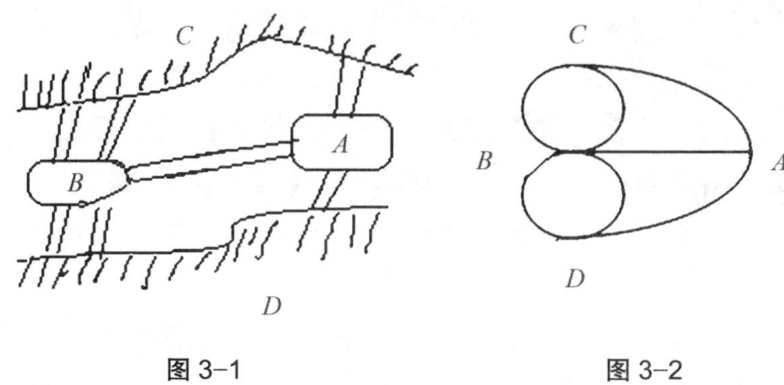

图 3-1　　　　图 3-2

现在，问题变为从某一点出发，通过七条线，且只经过每条线一次而到达终点，这能否做到?

除了起点和终点外，我们把其余的点称为中间点，对于每一个中间点都必须满足一个条件：与这个点相连的线必定有偶数条。因为对任何一个中间点来说，由于它不是起点，也不是终点，这样进入这点几次，就要离开这点同样多次，一进一出，两两配对，所以与这个中间点相连的线必须是偶数条。但是，图 3-2 中经过所有的点（A、B、C、D）的曲线都是奇数条（3 或 5）。因此对于哥尼斯堡七桥问题的回答是否定的，即“七桥问题”所要求的走法是不存在的，谁也不可能每座桥只走一次而走完所有的桥。

七桥问题实际上是线路拓扑中的“一笔画”问题，所谓“一笔画”问题，就是笔不准离开纸，一气画成一个图，可以重复经过中间点，但不可重复经过线。

欧拉的巧妙之处在于他构造了这么一个仅由点、线组成的简单图形。这种图形在今天的数学中称为“图”。作为一个数学家，欧拉当然不会只满足于“七桥问题”的解决，他进一步注意到：这种“图”不同于传统的欧几里得几何，它不考虑图形的形状和度量关系，只着眼于研究图形中点与线之间的位置关系，或者说它们之间相互连接的情况。于是，在欧拉和其他一些数学家的共同努力下，一个新的数学分支建立起来了。欧拉当时称它为“位置几何学”，现在则称为“图论”。

我们可以将欧拉解决七桥问题的过程图示（图 3-3）如下：

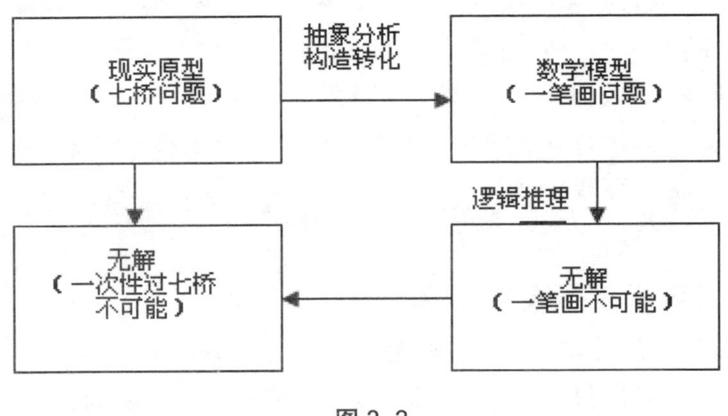

图 3-3

从这个例子我们可以发现，数学家解决问题最重要的分析工作是抓住本质的东西，而除掉那些不影响问题本质的东西，即进行抽象分析；他们解决问题的思想，主要是转化和构造。所以，我们认为数学思想的本质在于转化和构造。转化是思维的进程，构造是实现的手段。不断地转化和构造，就成为解决数学问题的主线。

二、数学思想在高职数学教学中的地位和作用

数学思想是对数学知识本质的认识，它是数学知识的核心、精髓和灵魂，对理解、掌握、运用数学知识和数学方法，解决数学问题能起促进和深化作用。

（一）数学思想是教材体系的灵魂

数学教材是从历史和近代的数学观点以及教育学的观点组织

的，用于表达一定的思想的教学工具。逻辑化是一个原则，更深层次的是概念和命题的本质是什么；从怎样的教材出发，经过怎样的分析而概括出来的，最终要形成怎样的数学模型和数学结构；组成怎样的体系，要学生形成怎样的数学思想方法。这些极富思想性的问题，教材虽不可能有完全的说明，但是，这些问题的思想却如灵魂一样支配着整个教材，有了它，概念和命题才会活起来，形成整体。教师把握思想才能提挈整个教材进行再创造。

（二）数学思想是教学设计的指导思想

数学教材设计在于构思获得和发展真理性认识的数学活动过程，具有思想的飞跃和创造。就是说，教学设计可能是历史上数学思想发生发展过程的模拟和浓缩；也可能是渗透现代数学思想，使用现代手段实现的新的认识过程；还可能是现实教学基础上的概括和延伸，这就需要搞清概括怎样的共性，如何准确地提出新问题，需要怎样的新工具和新方法等。这些创造只能依靠数学思想做指导。

（三）数学思想是课堂教学质量的重要保证

思想性高的数学设计，是高质量进行教学的基本保证。在高职数学课堂教学中，随着新技术手段的现代化，学生知识面的拓宽，他们提出的许多问题是教师难以解答的。面对这些肯钻研的学生所提的问题，教师只有达到一定的思想深度，才能保证准确辨别各种各样问题的症结，给出中肯的分析；才能恰当适时地运用类比联想，给出生动的陈述，把抽象的问题形象化，复杂的问题简单化。只有鼓励学生大胆地进行创造，并能积极主动地参与到教学活动中来，真正成为教学过程的主体，才能使有一定思想的教学设计变成高质量的数学活动过程。

（四）数学思想是解题思路的导航灯

解数学题，更一般地由问题导向结论，都要寻求方法。但是爱因斯坦说得好：“在一切方法的背后，如果没有一种生气勃勃的精神，它们到头来不过是笨拙的工具。”这里的精神是对方法的本质认识。其实，策略方法产生于解决数学问题的思路过程中，产生于解剖问题的结构，并与自己头脑中的模型、模式相印证、相对应的过程中，是经验估计与逻辑分析相结合，对问题结构做出判断，对策略方法进行挑选、演变的思维活动。数学思想决定着这种活动的发展方向。

（五）数学思想是数学教师数学修养的核心

有很多数学知识的思想不一定有深度，只有对知识融会贯通的理解和升华才能体会到知识的思想，有思想的知识才是活知识，有创造力的知识。概念和命题是定型的，静态的，而思想是发展的，动态的，凝聚成概念和命题的思想可以在概念的范畴以外起作用，能动地认识新的数学对象，建造新的数学模型。因此，它更具有内聚力和开发性，从掌握表层知识去挖掘深层的思想，数学知识才真正有了核心。

三、高职数学教学中的主要数学思想

（一）转化思想

数学的基本任务之一是可以概括为将实际问题转化为数学问题，然后解决该数学问题，进而解决原来的实际问题。数学问题提出后，主要任务就是寻求解答了。如何寻求解答，怎样解答？数学中有一个非常普遍的思想方法——转化思想。

我们有时需要把高次的化为低次的；把多元的化为单元的；把高维的化为低维的；把指数运算化为乘法运算；把乘法变为加法；把几何问题化为代数问题；把微分方程问题化为代数方程问题；化无理为有理，化连续为离散，化离散为连续；等等。所以，解数学问题的一大本领就是善于转化，也就是善于变换。可以这么说，谁善变，谁的本领就高。当然，转化并不是随心所欲的，它要遵循一定的规则，要达到一定的目的。

恩格斯曾经指出："数学的对象是现实世界的空间形式和数量关系，这是非常现实的材料。"恩格斯还说过："这些材料以极度抽象的形式出现。""为了能够从纯粹的状态中研究这些形式的关系，必须使它们完全脱离自己的内容，把内容作为无关重要的东西放在一边。"因此，数学研究是纯粹的、极度抽象的、完全撇开具体内容的形式和关系。数学的这种高度抽象的结构性的特点为转化思想提供了前提和基础。

转化思想的基本想法是：把甲问题的求解化为乙问题的求解，然后通过乙问题的求解返回去获得甲问题的求解。

有的道路直着走走不通，我们就绕道，来一个迂回曲折；有的问题一步解决不了，我们就分若干步走；有的问题整体难以解决，我们就将其分割为几个局部来解决；等等。转化、化归体现了数学研究的继承性，正是前辈数学家积累了许许多多已解决的问题并且建立了严谨的理论，转化、化归才成为可能。每个数学家都站在他的前辈的肩膀上推进数学，数学的发展才有今天的局面。

总之，转化的基本目的是化难为易，化繁为简，化暗为明，通过变化把这一问题归结为另一问题，以便求得解答。

下面我们通过一些具体的例子来说明转化思想。

例 1 有一位老师，他想辨别一下他的三个得意门生哪一位更聪明一些。他先准备好了五顶帽子，其中三顶白的，二顶黑的。试验时，他先把这些帽子让学生看了看，然后要他们闭上眼睛，闭上眼睛后给他们都戴上白帽子，并把两顶黑帽子藏起来，最后让他们睁开眼睛，说出自己头上戴的帽子究竟是哪一种颜色。

三个学生睁开眼睛后互相看了看，并且都犹豫了一会儿，然后三个聪明的学生都异口同声地回答：自己头上戴的是白色的帽子。

他们是怎样推算出来的呢？我们先不考虑三个人，而转化为只考虑两个人、一顶黑帽子（不管有多少顶白是帽子，只要不少于两顶）的问题。这个问题很容易解决，因为黑帽子只有一顶，如果我戴了，那么另外一个人会立即说他戴的白帽子，但他没有立即说自己戴的是白帽子，因此他的犹豫证明我戴的是白帽子。

现在再回到三个人的情况，“两顶黑帽子，不管有多少顶白帽子（当然不少于三顶）”的问题就较容易了。如果我戴的是黑帽子，那么对另外两人来说，就变成了“两个人、一顶黑帽子”的问题了，因此他们两人应该不必有什么犹豫，但他们犹豫了，这说明我戴的是白帽子。

这个问题经过这样转化，不仅可以推广到多于三个学生的情况，而且问题的本质揭露出来了。

例 2　假定我们已知：在$[a,b]$上$f_1(x)\leqslant f_2(x)$，

则$\int_a^b f_1(x)dx\leqslant\int_a^b f_2(x)dx$。证明：$m\leqslant\dfrac{\int_a^b f(x)dx}{b-a}\leqslant M$。

$$m\leqslant\frac{\int_a^b f(x)dx}{b-a}\leqslant M \tag{3-1}$$

其中$f(x)$在$[a,b]$上连续，M和m分别为$f(x)$在$[a,b]$上的最大值和最小值。

不等式（3－1）中间是一个积分，而两端不含积分，把它们联系起来有点困难，这样，我们自然而然想到应该“插进”积分去，如果我们能想到 $\frac{\int_a^b dx}{b-a}=1$，问题就很快接近解决了。我们若在（3－1）式的两端同乘以 $\frac{\int_a^b dx}{b-a}$，则（3－1）式就可转化为下式：

$$\frac{m\int_a^b dx}{b-a} \leqslant \frac{\int_a^b f(x)dx}{b-a} \leqslant \frac{M\int_a^b dx}{b-a} \tag{3-2}$$

（3－2）式成立与否，就看 $\int_a^b mdx \leqslant \int_a^b f(x)dx \leqslant \int_a^b Mdx$ 成立与否。由已有的命题，这只要有 $m \leqslant f(x) \leqslant M$ 成立就足够了，然而这是已知的事实，未知至此已转化为已知了。

上述证明过程中，将（3–1）式转化为（3–2）式是主要的技巧，实际上，这是利用 1 的变形而实现的转化。

数学转化思想中的另外一种重要表现是数式与图形的相互转化。数和形是事物的数学特征的两个相互联系的侧面，通常是指数量关系和空间形式之间的辩证统一。在解决数学问题时，若把一个命题或结论给出的数量关系式称为式结构，而把它在几何形态上的表现（图形或图像）称为形结构，就能在解题的指导思想观念上体现得较为深刻，而在方法论意义上，使其应用更为广泛。

数形相互转化不仅是探求思路的“慧眼”，而且是深化思维的有力“杠杆”。见数构形，直觉作桥，训练思维的敏捷性；由形思数，从表及里，锤炼思维的深刻性；数形渗透，多方联想，启迪思维的广阔性；数形对照，比较鉴别，增强思维的批判性；数形交融，摆脱定势，发展思维的创造性。

下面举两例说明。

例 3 已知：$a>0,b>0$，且$a+b=1$，求证：

$(a+\frac{1}{a})^2+(b+\frac{1}{b})^2\geqslant\frac{25}{2}$。

此例若直接运用代数方法虽可证，但不简捷。但若注意到数形的转化，发现$A(a,b)$在直线$x+y=1$上，$P(-\frac{1}{a},-\frac{1}{b})$则在其外。$(a+\frac{1}{a})^2+(b+\frac{1}{b})^2$即为$|PA|^2$，而 $(-\frac{1}{a},-\frac{1}{b})$到直线$x+y-1=0$的距离的平方小于或等于$|PA|^2$。想到此，问题便可简捷地解决：

$$|PA|^2\geqslant\left|\frac{-\frac{1}{a}-\frac{1}{b}-1}{\sqrt{2}}\right|^2=\frac{(\frac{1}{ab}+1)^2}{2}$$，由$ab\leqslant\frac{1}{4}$便可得证。

例 4 （蝴蝶定理）过一圆的弦AB的中点M，引任意两弦CD和EF，连接CF与BD交AB弦于P,Q，求证：$PM=MQ$。

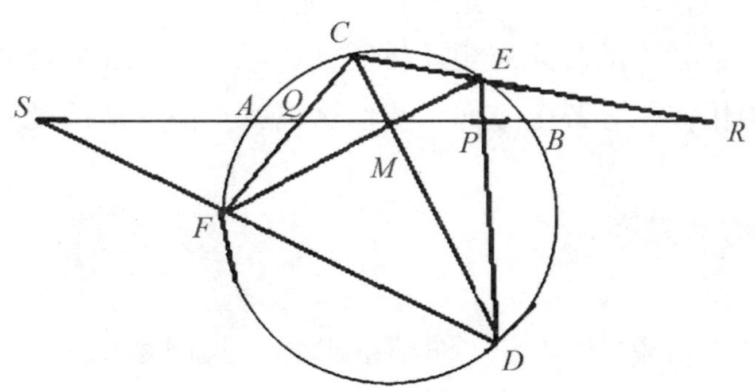

图 3-4

如图 3-4 所示，由图想式，若取M点为原点，AB为X轴建立平面直角坐标系，设圆的方程为$x^2+(y+a)^2=r^2$，直线CD的方

程为 $y=k_1x$，EF 的方程为 $y=k_2x$，则圆和两相交直线组成的二次曲线系为

$$\mu[x^2+(y+a)^2-r^2]+\lambda(y-k_1x)(y-k_2x)=0$$

令 $y=0$，知 P,Q 两点的横坐标满足二次方程

$$(\mu+\lambda k_1k_2)x^2+\mu(a^2-r^2)=0 \qquad (3-3)$$

由于方程（3－3）式的一次项 x 的系数为0，所以两根 x_1 与 x_2 之和为0，即

$x_1=x_2$，故 $PM=MQ$。

以上证法是蝴蝶定理的几十种证法中最简单的一个证法。不仅如此，我们在上述证法中还可以得到更深刻的结论：图中不仅有 $SM=MR$，而且还可将圆变为椭圆、双曲线、抛物线。

我国著名数学家华罗庚曾对数与形的相互转化作过精辟的论述，他说："数与形，本是相倚依，焉能分作两边飞。数缺形时少直觉，形少数时难入微。数形结合百般好，隔裂分家万事非。切莫忘，几何代数统一体，永远联系切莫离！"

当然，数学中的转化思想还体现在论题转化、几何转化、整形转化、典型化转化等各个方面，我们这里就不一一举例说明了。

（二）构造思想

构造思想是数学中的一种基本思想。我们常说的"列方程""作图""建立坐标系""构造算法""建立模型"等等，都具有明显的构造性色彩。许多数学问题的求解，当我们把具体的对象构造出来以后，问题也就解决了，这比千言万语的证明更为有效。

构造思想是通过构造来建立数学理论、解决数学问题的一种数学思想。所谓构造，就是构建结构或体系，构造对象或指出达

到某种目的的方式和途径。构造必须切实可行，它是直观的、定量的，并且必须能够在有限步骤内完成，是能行的。

数学中的构造思想主要表现在数学概念和数学理论上的构造性、问题性质和解答的构造性、数学解题方法的构造性。我们这里主要介绍数学应用、数学解题中的构造思想。

构造思想在数学应用、数学解题中的作用主要表现在两个方面：第一，许多数学问题本身具有构造性的要求，或者可以通过构造而直接得解；第二，许多问题，若通过构造相应的数学对象（如函数、方程、数列、模型、映射、图形等）作为辅助工具，则容易获得解决。

在解题过程中，由于某种需要，要么把题设条件中的关系构造出来，要么将关系设想在某个模型上得到实现，要么将已知条件经过适当的逻辑组合而构造出一种新的形式，从而使问题获得解决。在这种思维过程中，对已有的知识和方法采取了分解、组合、变换、类比、限定、推广等手段进行思维的再创造。实现这一过程的关键在“构造”，我们称之为构造性思维。

利用构造性思维解题常常可以收到意想不到的效果！

勾股定理的证明据说已有数百种，印度数学家婆什迦罗的一个证明是构造了如图 3-5 的图形，他只写了一个字“瞧！”

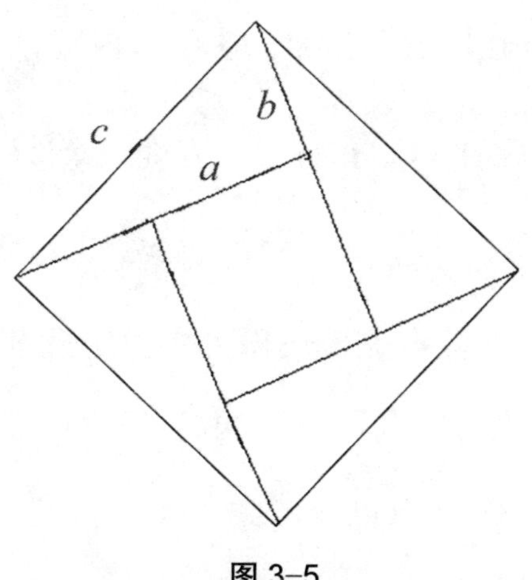

图 3-5

这个图显然来自中国的“弦图”。它根据面积相等，把要证明的东西都构造出来了：

$$c^2=4(\frac{ab}{2})+(a-b)^2=a^2+b^2$$

下面我们再举几个例子说明构造思想在数学解题中的具体应用。

例 5 已知$\begin{cases}\alpha^3-3\alpha^2+5\alpha=1\\ \beta^3-3\beta^2+5\beta=5\end{cases}$，求$\alpha+\beta$。

解 注意到两个已知的等式的左边具有相同的结构，故可引入辅助函数$f(x)=x^3-3x^2+5x$，即$f(x)=(x-1)^3+2(x-1)+3$

再引入函数$g(u)=u^3+2u$，则$f(x),g(x)$之间有如下的关系：

$g(x-1)=f(x)-3$。

又$g(u)$是单调上升的奇函数，而题中的条件变成

$g(\alpha-1)=f(\alpha)-3=-2$，$g(\beta-1)=f(\beta)-3=2$

由$g(u)$的性质知$\alpha-1,\beta-1$在x轴上关于原点对称，故有

$(\alpha-1)+(\beta-1)=0$，因此有$\alpha+\beta=2$。

例 6 设$f(x)$在$[0,1]$上连续，在$(0,1)$内可导，且

$f(0)=f(1)=0$，$f(\frac{1}{2})=1$，试证至少存在一个$\xi\in(0,1)$，

使$f'(\xi)=1$。

解 根据题意，应考虑使用微分中值定理证之，关键是构造出辅助函数$f(x)$。要证$f'(\xi)=1$，可证$f'(x)=1$，即$f(x)=x$，故可构造出$f(x)=f(x)-x$去试一试。

解 令 $f(x)=f(x)-x$，显然，$f(x)$ 在 $[0,1]$ 上连续，在 $(0,1)$ 内可导。

又 $f(1)=f(1)-1=-1<0$，$f(\frac{1}{2})=f(\frac{1}{2})-\frac{1}{2}=\frac{1}{2}>0$，

由零点定理可知，存在一个 $\eta\in(\frac{1}{2},1)$，使 $f(\eta)=0$。

又 $f(0)=f(0)-0=0$，故对 $f(x)$ 在 $[0,\eta]$ 上用罗尔定理有，

存在一个 $\xi\in(0,\eta)\subset(0,1)$ 使得 $f'(\xi)=0$

即 $f'(\xi)=1$。

构造模型是一种常用的数学解题方法。构造的模型一般具有下面的一些性质：

（1）直观性。一个数学问题总是涉及许多抽象的数学概念和概念之间的关系。为了理解概念和掌握它们之间的关系，我们总是用我们比较熟悉、比较具体的事物来构造适合问题的模型。概念及其相互关系在模型中反映出来，问题便有了真实、生动的形象，我们的想象和思考有了比较具体的对象，思维有了依托，这就是模型的直观性。

（2）可操作性。由于模型的直观性，构造模型的“材料”是我们比较熟悉的具体事物，这样就便于对模型进行操作和变换。对模型的这些操作和变换，就是间接地对模型所反映的数学问题的操作与变换。

（3）概括性。一个好的模型，不仅适用于某个具体的问题，而且适用于形式相近、性质相同的一类或几类不同的问题。也就是说，好的模型概括地反映了一类数学问题的共同本质，因而可以有广泛的应用。

下面举一个构造模型求解的典型例子。

例 7 证明$\sum_{k=0}^{r} C_m^k C_n^{r-k} = C_{m+n}^r (r \leqslant m)$

解 运用构造策略，考察如下组合模型：设有 $m+n$ 件产品，其中有 m 件废品，现从中任取 r 件 $(r \leqslant m)$ 共有多少种不同的取法？

一方面，由组合定义可知有 C_{m+n}^r 种不同取法；另一方面，这 r 件产品中可能没有废品，也可能有 1 件，2 件，…，r 件废品，他们的组合数分别是 $C_m C_n$，$C_m^1 C_n^{r-1}$，…，$C_m^r C_n^0$。故取 r 件的所有不同方法为它们的和，综合以上两方面，知算式成立。

（三）函数思想

“用函数来思考”是大数学家克莱因领导的数学教育改革运动的口号。函数是数学中最重要的基本概念，也是数学分析的研究对象。函数的思想，就是运用函数的方法，将常量视为变量，化静为动，化离散为连续，将所讨论的问题转化为函数问题并加以解决的一种思想方法。

下面用实例具体分析函数思想在数学分析中的应用。

例 8 已知 $x>1$，证明：$2\sqrt{x} > 3 - \frac{1}{x}$

证明 作函数 $f(x) = 2\sqrt{x} - 3 + \frac{1}{x}$，则 $f'(x) = \frac{1}{\sqrt{x}} - \frac{1}{x^2}$。

由 $x>1$，有 $f'(x)>0$，故 $f(x)$ 单调递增。因此，对 $x>1$，有 $f(x) > f(1) = 0$。因此我们可以得到：

$2\sqrt{x} - 3 + \frac{1}{x} > 0$，即 $2\sqrt{x} > 3 - \frac{1}{x}$。

我们在证明不等式时，可以将不等式问题化为函数问题，为解决问题带来方便。

（四）极限思想

极限思想是近代数学的一种重要思想，数学分析就是以极限概念为基础，以极限理论为主要工具来研究函数的一门学科。极限的思想方法是数学分析乃至全部高等数学必不可少的一种重要方法，也是数学分析与初等数学的本质区别之处。数学分析之所以能解决许多初等数学无法解决的问题，正是由于它采用了极限的思想方法。

有时我们要确定某一个量，首先确定的不是这个量的本身而是它的近似值，而且所确定的近似值也不仅仅是一个而是一连串近似值的趋向，把那个量的准确值确定下来。这就是运用了极限的思想方法。

例 9　曲边梯形是由非负连续曲线 $y=f(x)(a\leqslant x\leqslant b)$ 以及 x 轴、直线 $x=a$ 与 $x=b$ 所围成，求此曲边梯形的面积。

解　（1）曲边梯形分成 n 个小曲边梯形。

（2）当 n 很大时，且当所有的 $\Delta x_i(i=1,2,\cdots,n)$ 都很小时，每个（1）中的曲边梯形都可看成小矩形。第 k 个小曲边梯形面积 $\Delta S_k\approx f(\xi_k)\cdot\Delta x_k(k=1,2,\cdots,n)$，其中 $x_{k-1}\leqslant\xi_k\leqslant x_k$，

此时

$$S=\sum_{k=1}^{n}\Delta S_k\approx\sum_{k=1}^{n}f(\xi_k)\Delta x_k$$

（3）当 n 无限增大时，即当 $\|\lambda\|=max\{\Delta x_1,\Delta x_2,\cdots,\Delta x_n\}$ 无限趋近于 0 时，$\sum_{k=1}^{n}f(\xi_k)\Delta x_k$ 就无限地趋近于曲边梯形的面积 S，故

$$S=\lim_{\lambda\to 0}\sum_{k=1}^{n}f(\xi_k)\Delta x_k$$

（五）连续思想

数学分析的研究对象是函数，主要是连续函数，因此数学分析中的许多问题都是与连续有关的。求函数的极限问题是数学分析的重要内容，如果给定的函数是连续的，我们应用连续函数求极限的法则，就可以把求极限的复杂问题转化为求函数值的问题，从而大大简化了求极限的过程。

例 10 求 $\lim\limits_{x\to\frac{\pi}{2}}\left[\ln\left(\sin x\right)\right]$

解 因为 $x=\dfrac{\pi}{2}$ 是给定的初等函数定义域内的一点，故根据初等函数的连续性，我们有 $\lim\limits_{x\to\frac{\pi}{2}}\left[\ln\left(\sin x\right)\right]=\ln\left(\sin\dfrac{\pi}{2}\right)=0$

（六）导数思想

文艺复兴以后的欧洲，资本主义逐渐发展，采矿冶炼、机器发明、商业交往等大量实际问题，给数学提出了前所未有的亟待解决的新课题。其中有两类问题导致了导数概念的产生：一是求变速运动的瞬时速度，二是求曲线上一点处的切线。这两个问题的实际意义完全不同，一个是物理学中的瞬时速度，一个是几何学中的切线斜率，但从数量关系来看，它们有着完全相同的数学结构——函数的改变量与自变量改变量之比的极限，可归为同一类数学运算。

即如果用函数来表示某一现象的变化规律，则这一类型的数学运算是：

（1）在 x_0 处给自变量一个改变量 $\Delta x\neq 0$ 得到相应函数的改变

量 $\Delta y = f(x_0 + \Delta x) - f(x_0)$；

（2）写出比值 $\dfrac{\Delta y}{\Delta x}$；

（3）求出极限 $\lim\limits_{\Delta x \to 0} \dfrac{\Delta y}{\Delta x} = \lim\limits_{\Delta x \to 0} \dfrac{f(x_0 + \Delta x) - f(x_0)}{\Delta x}$

导数思想的应用主要表现在微分中值定理的应用及在研究函数的性态中的应用。

微分中值定理反映了导数更深刻的性质，也是导数应用的理论基础。微分中值定理包括罗尔中值定理、拉格朗日中值定理、柯西中值定理、泰勒中值定理。微分中值定理的作用是联系函数与其导数的纽带，是建立函数与其导数关系的桥梁。罗尔中值定理、拉格朗日中值定理、柯西中值定理将函数与其一阶导数进行联系；泰勒中值定理将函数与其高阶导数进行联系。导数在研究函数性态中的应用主要表现在讨论函数的单调性，求函数的极值与最值，讨论函数的凹凸性，求函数的拐点，求函数的渐近线，描绘函数的图像。

（七）微分思想

为求物体运动的速度、变量变化的极值以及曲线的切线等问题，导致了微分思想的产生。在微分思想的产生和发展过程中，伽利略的运动观点，费马求切线、求极值的方法以及巴罗把“求切线”与“求积”问题作为互逆问题的联系，都为微分思想奠定了基础。有时我们需要计算函数 $y = f(x)$，当自变量在 x_0 处有一个微小改变量 Δx 时，函数改变量 $\Delta y = f(x_0 + \Delta x) - f(x_0)$ 的大小，但是 Δy 往往是 Δx 的一个较复杂的函数，要精确计算它是困难的，甚至是不可能的；并且我们在理论研究和实际应用中，有时只需

了解 Δy 的近似值就可以了。数学家们把解决上述问题的出路放在将 $\Delta y = f(x_0 + \Delta x) - f(x_0)$ 线性化，用 Δx 的线性函数来近似代替它，这就是引入微分的基本想法。微分的几何意义是函数 $y = f(x)$ 在 x_0 点的微分等于曲线 $y = f(x)$ 在点 $[x_0, f(x_0)]$ 处的切线纵坐标的增量。

导数与微分是微分学中的两个最基本的概念，它们之间的联系与区别为：一方面，可导与可微是等价的；另一方面，从它们的来源和结构来看，导数作为有确定结构的差商的极限，比微分的概念更为基础，但又由于一个导数可以表示为两个微分之商，因此在分析运算中，微分表现出更大的灵活性与适应性。微分在近似计算上应用较为广泛。

（八）积分思想

为了解决求物体运动的路程、变力作功以及由直线围成的面积和由曲面围成的体积等问题，导致了积分的产。积分思想源远流长，古希腊德谟克利特的“数学原子论”、阿基米德的“穷竭法”、刘徽的“割圆术”都是积分思想的雏形，并且用这些方法求出了不少几何形体的面积和体积；然而这些古代方法都建立在特殊的技巧之上，不具有一般性，也不是以严密的理论为基础的。到 17 世纪牛顿与莱布尼兹揭示了微分与积分的内在联系——微积分基本定理，从而产生了微积分，使数学从常量数学跨入变量数学，开创了数学发展的新纪元。积分的应用表现在用微元法来建立所求积分表达式，主要是在几何和物理方面的应用：求平面图形的面积，求已知截面面积的立体的体积，求旋转体的体积，求曲线的弧长，求旋转曲面的面积，求变力所做的功等。

例 11　计算曲线 $y=\frac{2}{3}x^{\frac{3}{2}}$ 上相应于 x 从 a 到 b 的一段长度。

解　$y'=x^{\frac{1}{2}}$，故弧长微元为：

$$dl=\sqrt{1+\left(y'\right)^2}dx=\sqrt{1+\left(x^{\frac{1}{2}}\right)^2}dx=\sqrt{1+x}dx，$$

所求弧长为：

$$l=\int_a^b\sqrt{1+x}dx=\frac{2}{3}\left[\left(1+b\right)^{\frac{3}{2}}-\left(1+a\right)^{\frac{3}{2}}\right]$$

（九）级数思想

级数理论是数学分析的重要组成部分，是研究函数的重要工具，级数是产生新函数的重要方法，同时又是对已知函数表示、逼近的有效方法，在近似计算中发挥着重要作用。泰勒公式是用有限项的多项式近似表示函数，它对于研究函数的局部逼近和整体有着重要意义。在此基础上和一定条件下，我们可以用无穷多项的多项式来准确地表示一个函数，这就是幂级数，利用函数的幂级数展开式，对研究函数的性质和计算都有着非常重要的作用。

四、几个巧妙应用数学知识的实例

这里我们将应用数学去解决一些较简单的问题，初步尝试怎样把数学应用于解决问题的过程中。通过这些问题展示数学的奇妙作用，体会将数学用来解决各类实际问题时如何培养和发挥创造性思维能力，经常性地联想和积累，开拓思路，更好和更灵活地应用数学去解决问题。

（一）生小兔问题

假设兔子出生以后两个月就能生小兔，且每月生一次，若每次恰好不多不少生 1 对（一雌一雄）。假如养了出生的小兔 1 对，试问一年后共有多少对兔子？（假设生下的兔子都不死）。

解 第 1 个月：只有 1 对小兔；

第 2 个月：小兔子未成熟不会生殖，仍只有 1 对小兔；

第 3 个月：这对兔子生了 1 对小兔，这时共有 2 对；

第 4 个月：老兔子又生了 1 对小兔，而上月出生的小兔子还未成熟，这时共有 3 对，如此下去，我们可以得到下面的结果（见表 3–1）：

表 3–1

月份数 n	1	2	3	4	5	6	7	8	9	10	11	12	13
兔子对数	1	1	2	3	5	8	13	21	34	55	89	144	233

从表 3–1 可知，1 年后（第 13 个月时）共有 233 对兔子。用这种办法推算，越往后越使人觉得复杂。有无简便的方法呢？

我们将表 3–1 中的兔子的对数用 F_n 表示，小标 n 表示月份数（这样兔子数可视为月份数的函数），则 F_n 称为斐波那契数列，记 F_n：1，1，2，3，5，8，13，21，34，55，…

观察 F_n，不难发现，第 $n+1$ 个月时的兔子可分为两类：一类是第 n 个月时的兔子；另一类是当月出生的小兔子，而这些小兔数恰好是第 $n-1$ 个月时的兔子数（它们到第 $n+1$ 个月时均可生殖）。所以有以下递推关系：

$$\begin{cases} F_1 = F_2 = 1 \\ F_n = F_{n-1} + F_{n-2} \qquad (n = 3,4,\cdots) \end{cases}$$

本问题的数学模型（上述结果）是1634年数学家奇拉特发现的。由于这一发现，生小兔问题引起了人们的极大兴趣。首先，由于有了上述数列，人们可以轻易地算出2，3，…年以后的兔子数，而且由于人们继续对这个数列的探讨，又发现了它的许多奇特的性质，越来越多的应用被人们找到，因而引起了数学家的极大关注。一本专门研究它的杂志《斐波那契季刊》于1963年开始发行，美国还专门设立了该研究领域的数学委员会。20世纪80年代出现的“优选法”中，也找到了斐波那契数列的巧妙应用，从而使得这个古老的“生小兔问题”所引出的数列，焕发出新的生机。事实上，植物的叶序，菠萝的鳞片，蜜蜂进蜂房的路线等等这些问题中都要碰到斐波那契数列。

（二）铺瓷砖问题

要用40块方形瓷砖铺如图3–6所示形状的地面，但当时市场上只有长方形瓷砖，每块大小等于方形的两块。一人买了20块长方形瓷砖，试着铺地面，结果铺来铺去始终无法铺好。试问是这人的功夫不到家还是这个问题根本无解呢?

我们首先必须解决用20块长方形瓷砖铺成图3–6所示地面的可能性是否存在这一问题，只有可能性存在时才能谈到用什么方法铺的问题。

为此，在图上黑白相间地染色，然后仔细观察，发现共有19个白格和21个黑格。一块长方形瓷砖可以盖住一黑一白两个方格，所以铺上19块长方形瓷砖后，总要剩下2个黑格无法铺，因一块长方形瓷砖是无法盖住两个黑格的，唯一的解决办法是把最后一块瓷砖分为两个正方形瓷砖去盖住两个黑格。

解决这一问题时所用的方法在数学上称为奇偶校验，即可认为涂黑色的格子是偶数，涂白色的格子是奇数，同色的格子有相同的奇偶性，一块长方形瓷砖显然只能覆盖奇偶性相反的一对方格，因此把 19 块瓷砖在地面上铺好后，只有在剩下的两个方格具有相反的奇偶性时，才可能把最后一块长方形瓷砖铺上。由于剩下的两个方格具有相同的奇偶性，因此无法铺上最后一块瓷砖。这就从理论上证明了用 20 块长方形瓷砖铺如图 3-6 所示地面是不可能的，任何改变铺设方式的努力都是徒劳的。

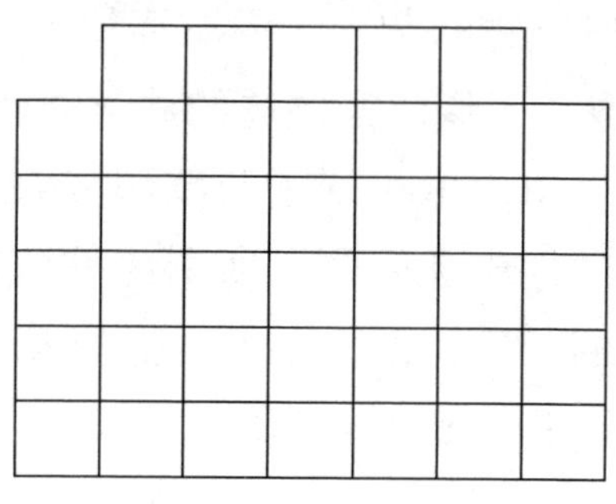

图 3-6

（三）外币兑换问题

某人从美国到加拿大去度假，他把美元兑换成加拿大元时，币面数值增加了 12%；回国后他发现，加拿大元兑换成美元时，币面数值减少了 12%。

（1）试建立这个问题的数学模型。

（2）这样一来一回地兑换后，兑换者亏损的百分比？

（3）若美国人拿 5000 美元去度假，但因故未能去成，于是他又将加拿大元兑换成美元，问他亏损了多少钱？

（4）若一个加拿大人去美国度假，同样一来一回地兑换，问他亏损的百分比是多少？

解 （1）假设该美国人拿 x 美元兑换，$f(x)$ 为将 x 美元兑换成的加拿大元数，$g(x)$ 为将 x 加拿大元兑换成的美元数，$g(f(x))$ 为将 x 美元兑换成的加拿大元后再兑换成的美元数。

下面我们就可建立该问题的数学模型为：

$$\begin{cases} f(x)=x+x\times 12\%=1.12x, x\geqslant 0 \\ g(x)=x-x\times 12\%=0.88x, x\geqslant 0 \\ g(f(x))=0.88\times 1.12x=0.9856x, x\geqslant 0 \end{cases}$$

（2）兑换者亏损的百分比为：

$$\frac{x-0.9856x}{x}\times 100\%=1.44\%$$

（3）兑换者亏损的钱的数目为：

$$5000\times 1.44\%=57 \text{（美元）}$$

（4）设 $f(g(x))$ 为将 x 加拿大元兑换成的美元后再兑换成的加拿大元数，则

$$f(g(x))=0.88x\times 1.12=0.9856x$$

故该加拿大人亏损的百分比为：

$$\frac{x-0.9856x}{x}\times 100\%=1.44\%$$

（四）银行复利问题

一个人为了积累养老金，他每个月按时到银行存 100 元，银行的年利率为 4%，且可以任意分段按复利计算，试问此人在 5 年后共积累了多少养老金？如果存款和复利按日计算，则他又有多少养老金？如果复利和存款连续计算，结果又如何呢？

解　按月存款和计息时，每月的利息为 $\frac{1}{12}\times\frac{4}{100}=\frac{1}{300}$，记 xk 为第 k 月末时的养老金数，则由题意可得

$$x_1=100,$$

$$x_2 = 100 + 100(1 + \frac{1}{300}),$$

$$x_3 = 100 + 100(1 + \frac{1}{300}) + 100(1 + \frac{1}{300})^2,$$

……

$$x_n = 100 + 100(1 + \frac{1}{300}) + \cdots + 100(1 + \frac{1}{300})^{n-1}$$

5 年末的养老金为

$$x_{60} = 100 \times \frac{1 - (1 + \frac{1}{300})^{60}}{1 - (1 + \frac{1}{300})} = 3000\left[(1 + \frac{1}{300})^{60} - 1\right] \text{（元）}$$

当复利和存款按日计算时，记 y_k 为第 k 天的养老金数，则每天的存款额为 $\alpha = \frac{1200}{365}$，每天的利率为 $r = \frac{4}{36500}$。第 $k+1$ 天的养老金数量与第 k 天养老金数量的关系为

$$y_{k+1} = \frac{1200}{365} + y_k(1 + \frac{4}{36500})$$

从第一天开始递推为

$$y_1 = \frac{1200}{365},$$

$$y_2 = \frac{1200}{365} + \frac{1200}{365}(1 + \frac{4}{36500}),$$

$$y_3 = \frac{1200}{365} + \frac{1200}{365}(1 + \frac{4}{36500}) + \frac{1200}{365}(1 + \frac{4}{36500})^2,$$

……

$$=\frac{1200}{365}+\frac{1200}{365}(1+\frac{4}{36500})+\quad+\frac{1200}{365}(1+\frac{4}{36500})$$

在 5 年末的养老金数为

$$y_{1825}=\frac{1200}{365}\times\frac{1-(1+\dfrac{4}{36500})^{1825}}{1-(1+\dfrac{4}{36500})}$$

$$=30000\left[(1+\frac{4}{36500})^{1825}-1\right]\text{（元）}$$

当存款和复利连续计算时，我们先将 1 年分为 m 个相等的时间区间，则每个时间区间中的存款数为 $\frac{1200}{m}$，每个区间的利息为 $\frac{4}{100m}$。记第 k 个区间养老金的数目为 z_k，类似于前面的分析可知 5 年后的养老金为

$$z_{5m}=\frac{1200}{m}\times\frac{1-(1+\dfrac{4}{100m})^{5m}}{1-(1+\dfrac{4}{100m})}$$

$$=30000\left[(1+\frac{4}{100m})^{5m}-1\right]\text{（元）}\qquad（3-4）$$

再让 $m\to+\infty$，即得连续存款和计息时 5 年后的养老金数为

$$z=\lim_{m\to+\infty}30000\left[(1+\frac{4}{100})^{5m}-1\right]$$

$$=30000(e^{\frac{1}{5}}-1)\text{（元）}$$

观察这三种不同情况下复利的计算问题，我们可以看出，将 1 年分为 m 等份得出的计算公式（3－4）具有一般性，当 m 分

别取 12 和 365 时就是前面两种情况下的计算公式。另外，由于 $(1+\frac{1}{25m})^{5m}$ 是 m 的单调递增函数，所以计息间隔越小，5 年后的养老金数就越多，但不会超过连续存款和计息时的极限值。在这三种情况下的具体计算结果分别是

$$x_{60} \approx 6629.9$$

$$y_{1825} \approx 6641.68$$

$$z \approx 6642.08$$

由于存款和计息的间隔越小时收益越大，且不需要一次性存入较多现金，而是分批逐渐存入，对投资者的资金周转有利。所以在银行按复利计息时，我们建议存款者尽量采用小间隔的策略。

（五）咳嗽问题

咳嗽这种病大家可能都比较熟悉，引起咳嗽的原因有很多，诸如着凉、气管中有异物等导致肺内压力的增加引起咳嗽，而肺内压力的增加伴随着气管半径的缩少，那么较小气管半径是促进还是阻碍了空气在气管里的流动呢？

我们先假设把气管理想化为一个圆柱形的管子，设管的半径为 r，管长为 L，管的两端的压强差为 P，管道和气体之间的摩擦力忽略不计。

由物理学知识我们可以知道，在单位时间内流过管子的流体的体积为

$$V = K \cdot P \cdot r^4$$

其中 $K>0$，K 为常数。当 P 达到一定限度时，气管的收缩有很大的阻力，这可避免在咳嗽时引起窒息。半径 r 与 P 存在线性关系且 P 越大，r 越小，所以有

$$r = r_0 - \alpha P$$

其中r_0为无压强差时的管半径，α为正的常数。

由上两式有

$$V = K \cdot \frac{(r_0 - r) \cdot r^4}{\alpha} = k \cdot (r_0 - r) \cdot r^4$$

其中$k = \frac{K}{\alpha}$为常数。

通过上述处理，咳嗽问题就转化为我们很熟悉的数学中求最大值和最小值问题了。

（1）我们先来考虑当半径取何值时使得V最大。

由　$V'(r) = kr^3(4r_0 - 5r) = 0$　可得

$$r = \frac{4}{5}r_0$$

当$0 < r < \frac{4}{5}r_0$时，$V'(r) > 0$，

当$\frac{4}{5}r_0 < r \leqslant r_0$时，$V'(r) < 0$，可见$r = \frac{4}{5}r_0$时，使单位时间内流动气管的气体体积最大。

（2）如果用v来表示流体在气管中流动的速度，则

$$V = v(\pi r^2)$$

所以　$v = \frac{V}{\pi r^2} = \frac{k}{\pi}(r_0 - r)r^2$

故由$v'(r) = \frac{k}{\pi}(2r_0 - 3r)r = 0$，可得$r = \frac{2}{3}r_0$

同样分析后可得当$r = \frac{2}{3}r_0$时，速度v取得最大值。

综合上两个方面的情况，咳嗽时气管收缩，在一定范围内有助于咳嗽，它促进气管内空气的流动，从而使气管中的脏物能尽快地被清除掉。

（六）公平席位分配问题

大家知道，每个高等院校都有学生会，学生会大约每四年改选一次。在每届学生会改选时，都需要给出各系的委员分配名额，那么名额怎样分配才算合理？按照学生会章程规定，各系的委员数应按学生人数比例来确定。

假定某大学的学生会由 n 名委员组成，再设该大学有 s 个系，各系的学生数是 p_i $(i=1,2,\cdots,s)$，全校的学生数是 $p=p_1+p_2+\cdots+p_s$。

现在我们要解决的问题是：找出一组相应的整数 $n_1,n_2,\cdots,n_s$（其中 n_i 是第 i 个系获得的委员数），使得 $n_1+n_2+\cdots+n_s=n$。

一个简单而又公平的分配委员名额的办法是按人数比例分配，记 $q_i=\dfrac{p_i n}{p}$，我们称它为分配份额，自然有 $q_1+q_2+\cdots q_s=n$。

如果 q_i 都是整数，分配是公平的，不会出现问题。但是更经常发现的情况的是，q_i 不是整数，而分配名额又必须是整数，怎么办？

一个通常想到的办法是“四舍五入”，四舍五入的结果可能是名额正好分配，也可能会出现名额多余，或名额不够的情况。

下面用一组具体数字来说明情况。

假定某学院有 3 个系共 200 名学生，委员名额是 20 名。现若甲、乙、丙三系的学生人数有三种不同的情况，则按四舍五入的办法会分别产生 20、19、21 个委员（具体见表 3–2—表 3–4）。

表 3–2　正好产生 20 个委员

系别	学生数	所占比例（%）	按比例分配	最终分配名额
甲	107	53.5	10.7	11
乙	59	29.5	5.9	6
丙	34	17	3.4	3
总计	200	100	20	20

表 3–3　正好产生 19 个委员

系别	学生数	所占比例（%）	按比例分配	最终分配名额
甲	104	52	10.4	10
乙	62	31	6.2	6
丙	34	17	3.4	3
总计	200	100	20	19

表 3–4　正好产生 21 个委员

系别	学生数	所占比例（%）	按比例分配	最终分配名额
甲	105	52.5	10.5	11
乙	60	30	6.0	6
丙	35	17.5	3.5	4
总计	200	100	20	21

上述三个表说明三种不同的情况。一般说来，用四舍五入法很难得到所需要的委员数。这表明四舍五入法有缺陷，需要改进，以便找出更合理的分配法。

下面我们进一步讨论上述问题。

某学院有 3 个系共 200 名学生，其中甲系 100 名、乙系 60 名、丙系 40 名。若学生会委员设 20 个席位，公平而又简单的席位分配办法是按学生人数的比例分配，显然甲乙丙三系分别应占有 10，

6，4 个席位。

现在丙系有 6 名学生转入甲乙两系各 3 名，各系人数如表 3–5 第 2 列所示，仍按比例（表 3–5 中第 3 列）分配席位时出现了小数（表 3–5 中第 4 列），在将取得证书的 19 个席位分配完毕后，三个系都同意将剩下的一个席位参照所谓惯例分给比例中小数最大的丙系，于是三个系仍分别占有 10，6，4 席位（表 3–5 中第 5 列）

表 3–5　按照比例并参照管理的席位分配

系别	学生人数	学生人数的比例（%）	20 个席位的分配		21 个席位的分配	
			按比例分配的席位	参照惯例的结果	按比例分配的席位	参照惯例的结果
甲	103	51.5	10.3	10	10.815	11
乙	63	31.5	6.3	6	6.615	7
丙	34	17.0	3.4	4	3.570	3
总计	200	100	20	20	21	21

因为 20 个席位的委员会议在表决提案时可能出现 10 : 10 的局面，会议决定下一届增加个席位，他们根据上述方法重新分配席位，计算结果见表 3–4 中的第 6、7 列。显然这个结果对丙系太不公平了，因为总席位增加 1 席，而丙系却由 4 席减为 3 席。

要解决这个问题必须舍弃所谓惯例，找到衡量公平分配席位的指标，并由此建立新的分配方法。

建立数量指标　先来讨论只有 A、B 两方分配席位的情况。

设两方人数分别为 p_1 和 p_2，占有的席位分别是 n_1 和 n_2，则两方每个席位代表的人数分别为 $\frac{p_1}{n_1}$ 和 $\frac{p_2}{n_2}$。显然仅当 $\frac{p_1}{n_1}=\frac{p_2}{n_2}$ 时，席位的分配才是公平的。但是因为人数和席位都是整数，所以通常

$\frac{p_1}{n_1} \neq \frac{p_2}{n_2}$，这时席位分配不公平，并且 $\frac{p_i}{n_i}(i=1,2)$ 数值较大的一方吃亏，或者说这一方不公平。

不妨假设 $\frac{p_1}{n_1} > \frac{p_2}{n_2}$，不公平程度可用 $\frac{p_1}{n_1} - \frac{p_2}{n_2}$ 来衡量。

如设 $p_1 = 120, p_2 = 100, n_1 = n_2 = 10$，则

$$\frac{p_1}{n_1} - \frac{p_2}{n_2} = 12 - 10 = 2,$$

它衡量的是不公平的绝对程度，常常无法区分两种程度明显不同的不公平情况。例如上述双方人数增加为 $p_1 = 1020, p_2 = 1000$，而席位 n_1, n_2 不变时，计算得绝对不公平程度不变（仍为 2）。但常识告诉我们，后面这种情况的不公平程度比起前面来已经大为改善了。

为了改进上述绝对误差，自然想到相对误差。仍然记 p_1 和 p_2 为 A、B 两方固定人数，n_1 和 n_2 为两方分配的席位（可变）。若 $\frac{p_1}{n_1} > \frac{p_2}{n_2}$，则定义

$$r_A(n_1, n_2) = \frac{\frac{p_1}{n_1} - \frac{p_2}{n_2}}{\frac{p_2}{n_2}} = \frac{p_1 n_2}{p_2 n_1} - 1 \qquad (3-5)$$

为对 A 的相对不公平度。

若 $\frac{p_1}{n_1} < \frac{p_2}{n_2}$，则定义

$$r_B(n_1,n_2)=\frac{\frac{p_2}{n_2}-\frac{p_1}{n_1}}{\frac{p_1}{n_1}}=\frac{p_2n_1}{p_1n_2}-1 \tag{3-6}$$

为对 B 的相对不公平度。

建立了衡量分配不公平程度的数量指标 r_A,r_B 后，制订席位分配方案的原则是使他们尽可能小。

确定分配方案 考虑只有两方的情形。

假设 A、B 两方已分别占有 n_1 和 n_2 席，利用相对不公平值 r_A,r_B 讨论，当总席位增加 1 席时，应该分配给 A 还是 B。

不失一般性，设 $\frac{p_1}{n_1}>\frac{p_2}{n_2}$，即对 A 不公平。当再分配一个席位时，关于 $\frac{p_i}{n_i}(i=1,2)$ 的不等式可能有以下三种情况：

（1）$\frac{p_1}{n_1+1}>\frac{p_2}{n_2}$，这说明即使 A 方增加 1 席，仍然对 A 不公平，所以这一席显然应分给 A 方。

（2）$\frac{p_1}{n_1+1}<\frac{p_2}{n_2}$，说明当 A 方增加 1 席时将变为对 B 不公平，参照（3－6）式可计算出对 B 的相对不公平度为

$$r_B(n_1+1,n_2)==\frac{p_2(n_1+1)}{p_1n_2}-1 \tag{3-7}$$

（3）$\frac{p_1}{n_1}>\frac{p_2}{n_2+1}$，即当 B 方增加 1 席时将对 A 不公平，参照（3－5）式可计算出对 A 的相对不公平度为

$$r_A(n_1,n_2+1)=\frac{p_1(n_2+1)}{p_2n_1}-1 \tag{3-8}$$

因为公平分配席位的原则是使得相对不公平尽可能地小，所以如果

$$r_B(n_1+1,n_2)<r_A(n_1,n_2+1) \tag{3-9}$$

则这 1 席位应分给 A 方；反之则分给 B 方。根据（3－7）、（3－8）两式,（3－9）式等价于

$$\frac{p_2^2}{n_2(n_2+1)}<\frac{p_1^2}{n_1(n_1+1)} \tag{3-10}$$

不难证明，上述第（1）种情况的 $\frac{p_1}{n_1+1}>\frac{p_2}{n_2}$ 也与（3－9）式等价。于是我们的结论是：当（3-10）式成立时增加的 1 席位应分给 A 方，反之则分给 B 方。或者，若记

$$Q_i=\frac{p_i^2}{n_i(n_i+1)},i=1,2$$

则增加的 1 席位应分给 Q 值最大的一方。

上述方法可以推广到有 m 方分配席位的情况。

设第 i 方人数为 p_1，已占有 n_i 个席位，$i=1,2,\cdots,m$。当总席位增加 1 席位时，计算

$$Q_i=\frac{p_i^2}{n_i(n_i+1)},i=1,2\cdots,m \tag{3-11}$$

应将这一席位分给 Q 值最大的一方。这种席位分配方法称 Q 值法。

下面用 Q 值法重新讨论开始提出的甲乙丙三系分配 21 个席位的问题。

先按照比例计算，将整数部分的19个席位分配完毕，有 $n_1 = 10, n_2 = 6, n_3 = 3$，然后再用 Q 值法分配第20席和第21席。

第20席：计算 $Q_1 = \dfrac{103^2}{10 \times 11} = 96.4$，$Q_2 = \dfrac{63^2}{6 \times 7} = 94.5$，

$Q_3 = \dfrac{34^2}{3 \times 4} = 96.3$，

比较知 Q_1 最大，于是这1席位应分给甲系。

第21席：计算 $Q_1 = \dfrac{103^2}{11 \times 12} = 80.4$，$Q_2$，$Q_3$ 同上。比较知 Q_3 最大，于是这一席位应分给丙系。

这样，21个席位的分配结果是三系分别占有11，6，4席，丙系保住了险些丧失的1席，你觉得这种分配方法公平吗？

解 （1）寻求公平分配席位的关键在于建立衡量公平程度的既合理又简明的数量指标。本模型提出的指标是相对不公平度 r_A, r_B，它是确定分配方案的前提，在这个前提下导出的分配方案——分给 Q 值最大的一方，无疑是相对公平的。

（2）Q_i 表达式（3－11）为什么能反映对第 i 方的不公平程度？

设 p 为总人数，即 $p = \sum\limits_{i=1}^{m} p_i$，$n$ 为总席位数，且设第 i 方席位 n_i 为按人数比例计算的整数部分，即 $n_i = [\dfrac{p_i}{p} n]$，于是有

$$\frac{p_i}{\ddot{u}_i + 1} < \frac{p}{\ } \leqslant \frac{p_i}{\ _i}$$

上式两端分别是增加的1席位分给第 i 方和不分给第 i 方时，该方每席位所代表的人数。这两个值越大，对第 i 方就越不公平。而 Q_i 恰是它们的几何平均值的平方，故 Q_i 能反映对第 i 方的不公

平程度，增加的 1 席位应分给 Q 值最大的一方。

（3）（3－5）式右端的分母可以换为 $\frac{p_1}{n_1}$，对后面的计算结果没有影响。

（4）如果一开始就用 Q 值法，以 $n_1 = n_2 = n_3 = 1$ 为基础分配，那么前 19 席的分配结果与这个数字相同，从而说明了 Q 值法的有效性。

尽管 Q 值法相对有效，但新的方法又引出新的问题，新的问题又需要消除，于是又出现更新的方法，也就是更加公正合理的方法又出现了，而这更新的方法也还有问题。于是，人们自然就会提出这样一个问题：是否有一种绝对公正合理的分配方法?

这个问题从诞生之日起，就一直吸引着众多的政治家与数学家去研究。特别是巴林斯基和扬两位学者，他们在名额分配的研究中引进了公理化的方法，并于 1982 年证明了关于名额分配的不可能原理，即包括“不产生人口悖论”,“不违背‘公平分配’原则”等在内的五条十分合理的公理不相容。换言之，满足这五条公理的名额分配方法是不存在的。这就是说，不存在绝对公平合理的选举系统。这是一个非常深刻的结论，但却有悖于常理：天下竟然无公！这个结论告诉我们，只有更公，没有最公。

（七）棋子颜色变化问题

任意拿出黑白两种颜色的棋子共八个，排成一个圆圈。然后在两颗颜色相同的棋子中间放一颗黑色棋子，在两颗颜色不同的棋子中间放一颗白色棋子，放完后拿走原来所放的棋子。再重复以上过程，这样放一圈后就拿走前次的一圈棋子。问这样重复进行下去，各棋子的颜色会怎样变化呢?

这是一个十分有趣的问题，初看时很难把它与数学联系起来。因此，首先需要我们通过观察、想象和严密的逻辑思维，利用数学的语言对实际问题进行抽象、简化，使其数学化，然后建立合适的数学模型而求解。

我们可借助有理数符号规则得出一个十分满意的答案。具体推导过程如下：

记 +1 表示黑色，−1 表示白色，开始摆的八颗棋子记为 $a_1,a_2,a_3,a_4,a_5,a_6,a_7,a_8$。由于我们仅关心棋子的颜色，故 $a_k=+1$ 或− 1，$k=1,2,\cdots,8$。下一次在 a_1 与 a_2 中间摆的棋子的颜色由 a_1 和 a_2 是同色还是异色而定，显然 a_1a_2 的值恰好代表了 a_1 与 a_2 中间所放棋子的颜色。类似的 $a_k\ a_{k+1}$ 的值代表了 a_k 与 a_{k+1} 中间所放棋子的颜色，这样一次次地放下去，各次棋子的颜色均可由下面的数确定：

第 0 次　$a_1,a_2,a_3,a_4,a_5,a_6,a_7,a_8$

第 1 次　$a_1a_2,a_2a_3,\quad ,a_7a_8,a_8a_1$

第 2 次　$a_1a_2^2a_3,a_2a_3^2a_4,\cdots,a_8a_1^2a_2$

……

第 8 次　$a_1a_2^8a_3^{28}a_4^{56}a_5^{70}a_6^{56}a_7^{28}a_8^8a_1,\cdots,a_8a_1^8a_2^{28}a_3^{56}a_4^{70}a_5^{56}a_6^{28}a_7^8a_8$

由上面的结果可以看出，在原来摆放的基础上，最多经过 8 次变换以后，各个数都变成了 +1，这意味着所有的棋子都是黑色，且以后重复上述过程，颜色也就不再变化了。

请同学们思考能否考虑此问题的推广，即当棋子总数为 **n** 时颜色变化有无规律。

第四章　哲学思想在高职数学课程中的体现

数学与哲学，都与人类文明同样古老。有人说数学的极致是哲学。哲学是关于自然知识、社会知识和思维知识的概括和总结，是研究整个世界的普遍本质及规律的科学，而数学是研究现实世界空间形式和数量关系的具体科学。数学与哲学具有密切关系，数学中充满了丰富的哲学思想，因此在数学教学中，要自觉地研究数学与哲学的内在联系，了解哲学思想在数学上的具体表现，并主动运用哲学思想去体验数学、感受数学和学习数学。

一、数学与哲学的关系

马克思主义哲学是科学的世界观和方法论的统一，是研究自然科学的理论基础，它为人们的实践活动提供了具有普遍意义的工作方法和思维方法。数学和哲学在人们不断认识大自然，认识自我的过程中都发挥了重要的作用，也都得到了极大的发展。数学与哲学都具有高度的抽象性，它们之间存在着密切的联系。数学的发展加深了对哲学基本规律的理解，丰富了哲学的内容。数学严密的逻辑性使得哲学家都重视对逻辑的研究和运用，哲学家经常用数学的研究成果来论证他们的哲学思想，或者是对数学的一些研究成果进行抽象概括，建立哲学理论，推动哲学的发展。反过来，数学历来都是哲学研究的对象，哲学作为世界观，为数学发展起着指导和推动作用。法国数学家努瓦利斯曾经说过“数学是朴素的哲学”，而捷克的数学家、哲学家波尔达斯则说“没有哲学，难以得知数学的深度”，这两句话充分表明了数学的本质是哲学，数学与哲学之间是一个相互依存的关系。有人说：哲学与数学是一对孪生兄弟，密不可分。哲学思想是指导人们行动的方法论，对各学科的学习和研究都有指导作用。在高等数学学习和教学中，哲学的思想显得很突出。在学生已了解一定的哲学基本原理的基础上，在高等数学的教学过程中，有意识、有目的地用哲学思想作指导，显得更加重要和有意义。它能使高等数学的教学更加活跃，更加完善和富有新意。数学与哲学互相作用，互相渗透，密切联系，主要表现在以下几个方面。

（一）数学史上的三次“数学危机”都与哲学有关

第一次数学危机是指毕达哥拉斯悖论。他们一直认为宇宙间一切事物都可归结为整数或整数之比。可是在勾股定理的应用中他们却发现了一些直角三角形的斜边不能表示为整数或整数之比的情形，如直角边长均为 1 的直角三角形就是如此。这一悖论直接触犯了毕氏学派的根本信条，导致了当时认识上的“危机”，从而产生了第一次数学危机。这个悖论表明，几何学的某些真理与算术无关，几何量不能完全由整数及其比来表示，反之却可以由几何量表示出来，为此整数的权威地位开始动摇，而几何学的地位开始升高了。第一次数学危机使得数学家们正式研究了无理数，给出了无理数的严格定理，提出了一个含有有理数和无理数的新数类——实数，并建立了完整的实数理论。这样，第一次数学危机告一段落。第一次数学危机的产生导致了数域的扩展，为数学的发展做出了不朽的贡献。

17 世纪，牛顿和德国数学家莱布尼兹首创了微积分，当时微积分只有方法，没有严密的理论作为基础，许多地方存在着漏洞，使得英国哲学家贝克莱的矛头直接指向了微积分的基础——无穷小的问题，导致了第二次数学危机的产生，即贝克莱悖论——无穷小是零吗？由于第二次数学危机的出现咄咄逼人，逼得数学家们不得不认真地对待“无穷小量”，设法克服由此引起的思维上的混乱，去解决问题。在这一悖论的解决上法国数学家柯西起了举足轻重的作用。他建立了极限理论，提出了“无穷小量是以零为极限但永远不为零的变量”，把微积分建立在坚实的极限理论之上。悖论所产生的危机使得数学衍生出新的问题，接着解决这些问题，使得数学逐渐形成新的理论体系，不断完善。所以说数学发展到一定的阶段，危机就成为推动数学发展的主要动力。

数学史上第三次危机是由于突然的冲击而出现的。这次危机是在康托的一般集合理论的边缘发现悖论所造成的。其中最著名的是英国数学家罗素所给出的“罗素悖论”，它涉及某村理发师的困境。理发师宣布了这样一条原则：他给所有不给自己刮脸的人刮脸，并且，只给村里这样的人刮脸。当人们试图回答下列疑问时，就认识到了这种情况的悖论性质：“理发师是否自己给自己刮脸？”如果他不给自己刮脸，那么按原则就该为自己刮脸；如果他给自己刮脸，那么他就不符合他的原则。当然这是通俗化的一个比较具体的例子。罗素悖论的出现使整个数学大厦动摇了，这一动摇所带来的震撼是空前的。罗素认为：要避免悖论，只要遵循消除恶性循环的原理：“凡是涉及一个集体的整体对象，它本身不能是该集体的成员。”为此，罗素提出了至今仍然是数理逻辑中的主要系统的分支类型论。最终，经过数学家们的许多努力，对集合的任意性加以适当的限制，共同形成了一个完整的集合论公理体系，不仅消除了罗素悖论，而且消除了集合论中的其他悖论，第三次数学危机也随之销声匿迹了。

这三次“数学危机”都和哲学家及其哲学思想相联系，伴随着哲学家之间激烈的论战，反映了尖锐的哲学思想的斗争。历史表明，“危机”大大促进了数学基础的奠定工作，数学在攻击的洗礼中不断完善和发展，同时说明，在新学科产生的时候，总是唯心主义者首先加以反对，而实践又总是证明，利用新理论暂时的逻辑上的困难所制造的“危机”虽然可能暂时阻碍理论的发展，但必然随着新理论的基础的完善而消失。科学就是在这种不断战胜各种唯心论和形而上学的过程中发展和完善的。

（二）历史上很多知名的数学家也是有影响的哲学家

古希腊的泰勒斯（公元前624—前547），是著名的哲学家，希腊几何学的鼻祖，也是天文学家。

古希腊的毕达哥拉斯（约公元前580—前497），是古希腊数学家、天文学家、哲学家，还是音乐理论家。他的哲学基础是“万物皆数”。

古希腊的德漠克利特（公元前460—约前370），是唯物主义哲学家，“原子论”的创立者，又是几何学家。他利用“原子论”的观点解决了许多几何中求面积和体积的问题，他是第一个得出圆锥的体积等于等底等高的圆柱或棱柱体积的三分之一的人。

法国的笛卡尔（1596—1650），是数学家、哲学家、物理学家，解析几何的奠基人之一。他于17世纪上半叶划时代地在数学中引进了变量概念和运动的观点，被恩格斯赞誉为“数学的转折点”，他导致了微积分的诞生，进而推动了自然科学的发展。《几何学》虽是这位著名哲学家的唯一一篇数学著作，然而它的历史价值却使笛卡尔的名字在数学史卷上写下了重重的一笔。

法国的莱布尼茨（1646—1716），是德国的数学家、哲学家、科学家。他独立创建了微积分，并发明了优越的微积分符号。他在哲学上是客观唯心主义者，“单子论”是他的著名哲学观点。

（三）历史上很多哲学家及其哲学思想影响着数学的发展

例如：亚里士多德、柏拉图、马克思、恩格斯等人．其中亚里士多德的公理化思想促进了几何学的诞生和发展，柏拉图对严密定义和逻辑证明的坚持促进了数学的科学化。特别值得一提的是，革命导师马克思和恩格斯精通数学，对将变量进入数学给予了高度评价，并直接考察了无穷小量。他们的工作对于实无穷小的建立具有一定的启发性。

（四）数学与哲学相互促进，共同发展

哲学作为世界观，指导着数学的研究与发展方向，促进数学的发展；哲学作为方法论，为数学提供认识工具和探索工具，提高研究数学的效率。数学影响着人们的哲学观点，并遵循哲学中所阐述的基本规律而产生、变化和发展。对数学获得的新成果和思想方法的重大进展，从哲学的高度加以总结概括，可以丰富和发展哲学本身的形式和内涵。

数学是关于现实世界空间形式和数量关系的科学，而现实世界总是在自身固有的矛盾斗争推动下，按照一定的规律运动、变化和发展的。高等数学是人类文化的重要学科，放眼大千世界，变化与发展始终是万事万物的根本主题，没有变化的事物不存在，没有变量的研究也是不完整的。作为数学的一类，高等数学把对变量的解析当作自身的根本目的。事物发展中，变量间有着千丝万缕的联系，不仅体现为外显的行为与规律，也具备内隐的脉络与本质，二者间更是蕴藏了探究不尽的哲学思辨，因此，高职数学教学必须以哲学观点作为它的指导思想。

连续的变化状态是维系数学这个体系的基础，因为变量关系是数学的主要研究对象，尽管这个变化有时会有间断的现象，即

使连续，也有一致与否的问题使之成为相对概念，但是，对于微积分等高职数学的重要理论，连续仍是构造其持续状态的基本前提。同时，连续还将高职数学中微观与宏观的变化联系起来，使高职数学具备了刻画状态与揭示规律的双重作用。连续的变化导致极限的存在，它是事物发展中某些条件达到极端却不失一般的状态，反之极限存在也可判定连续的有无，哲学上它们是辨证统一而相互制约的关系。极限关注到无穷的特殊性状，不仅包括持续递增的无穷大，也包括无限逼近某点而不具度量特征的无穷小，后者蕴含哲学上“有”“无”相生的道理，同时也将有限与无限的思想联系了起来。无论连续还是极限，都是广泛且不仅存在于两个相互影响的事物的，随着维数的增多与规律向一般的扩展，思想上可推广到多个事物的情形，而就本质言，只有“多”才是更为普遍与一般的，因为它并未限定矛盾的个数，在这个意义上，“一”也是“多”的一种形式。多元函数的引入首先立足于几何结构向空间的延伸，这就使变量的区间成为三维的区域，高职数学的众多理论在此区域下有着新鲜的定义，但究其本质，这与原先的定义仍是统一的。同时，自然空间的三维不是“多”的唯一刻画，不能直接观察的高维同样具有不失一般的推广价值，这就涉及了认识局限性及内容与形式在一定条件下的辩证关系。高等数学中有重要的基础理论，如微积分与变化中函数的依存，后者部分表现为有广泛现实意义的微分方程，这些理论对“存在”的本质关注逻辑上有着高度的统一，即无处不在的微观变化、具体形态的宏观改变和建构关系并制约过程的变化规律，每一点极限与区间上连续间建立了联系。结合多元函数的思想，除这里的区间外，连续还建立于二维区域甚至更高维的理想空间，极限也由左右的逼近变为多向的包围而显得更加密集，由此带来更为复杂的依存状态与解析方程，进一步说明数形辩证的同时不失一般性，从而更好地揭示自然本质。这里要说的首先在于高职数学研究对象的辩证统一，重点则在能为与所为。事实上，作为同一体系中的重要组成，这种关系是不言而喻的；其次，高职数学研究的是变量关系，超脱研究对象的具体状态，变化的发生发展及其依托的客观条件有着同样重要的价值；再次，高职数学的研究对象与其变化规律间也有辩证统一的关系，变化是对象的变化，没有对象与其本性变化不会存在更无从遵循，反之，一定的变化规律制约了研究对象的可能性状，脱离其中的对象只能是偶然而在整体尺度下不具代表意义的。

高等数学的哲学思想是鲜活的，否认它的存在与发展不仅是无用而且是有害的，这将导致已知与未知的悖论而使数学的每一步都发展怀疑到本质或做出妥协而举步维艰，因此高等数学的哲学研究具有很强的现实意义，具体学科的研究中应该呼吁对其进行切实、完整、本质而不是仅仅局限于数理逻辑的考察。这样做尽管会招致一时的困难，可是当其成为习惯，最终受益的是数学更超越数学，因为它在成为更完善解析工具的同时更成为，有力的思想工具，使学科研究得到莫大的好处。

数学哲学正处在不错的发展阶段，然而在这种发展下却潜藏着危机，这绝不是危言耸听，而是由学科纷繁复杂的情况下相对缺乏思想高度上的联系决定的。要真正认清数学思想的哲学本质，绝不能将数学哲学当成一门独立发展的学科乃至成为某种程度上的玄学，而是应将本原性的哲学思想融入数学的完整体系。并且某种程度上，数学哲学也不是一门独立的哲学或因此而能涉及哲学中的某些部分，甚或只是数理的逻辑层面，其实只要是哲学中能够阐发相关思考的地方，都应可以拿来所用。这种状况下的数学哲学会逐渐消隐专门学科的身份，但是也只有这样才能为数学中蕴含的哲学思想注入活力，并进而明晰数学结构的方方面面，发挥其应有的指导作用。这是一种认识到数学哲学本质思想的智慧，其直接指向了数学理论从产生到发展的根本所在。不要说数学直接脱胎于对自然中数形结构的思考，如果没有相关自然本质的哲学提炼，如无穷、连续，数学体系的建构与发展也是空中楼阁，而一堆毫无实质意义的数学符号或公式，即使在逻辑结构上再严密，也丝毫不能体现揭示自然本质的根本价值。

二、数学教育哲学的发展

（一）数学教育哲学研究概述

国内数学教育哲学的研究始于20世纪90年代，相较于数学教育的其他研究领域，数学教育哲学的研究还较为薄弱。其中，南京大学郑毓信教授的《数学教育哲学》一书更是为后继中国数学教育哲学的研究奠定了基础。然而，纵览这十多年的数学教育哲学研究，大致来说包括以下几个方面的内容。

1．研究对象的逐步明晰与深化

一个相对成熟的研究领域肯定有其明确的研究对象。正因此，研究对象的明晰和确立成为数学教育哲学研究的首要问题。这其中，郑毓信和黄秦安的观点较具代表性，在郑毓信看来，数学教育哲学的研究应包括3个方面的内容，即“什么是数学”“为什么要进行数学教育”“应当如何进行数学教学”，而黄秦安则在数学教育哲学定义的基础上对数学教育哲学的研究对象进行了说明，其所涉及的内容较为广泛，如“数学教育本体论”“数学教育认识论”“数学教育方法论”等，而其基于学科形式和学科特征的基础，初步将数学教育哲学的研究划分为两个层面（或两个维度）：一是数学教育的哲学基础问题；二是对数学教育目的、过程、问题和现象的哲学（或者，更广义一些，元意义）思考。

2．研究视角的多元化

随着数学教育哲学研究的深入，其研究视角呈现出多元化趋势．如从科学和教育的立场对数学意义的探究。具体来说，以科学的立场来审视数学，其是时代的特征、美妙的乐章、科学的皇后、仆人以及伙伴；而从教育的立场来看，数学是具备公民资格的前提，数学是现代人的基本素质，数学培养人的优秀品质，数学教人思维，数学提升审美能力，数学促进人的终身发展；从哲学的视角来审视数学的人文价值，即数学既有科学的内涵，又具有丰富的人文价值。再者，从学科形式和学科特征来审视数学教育哲学，即“数学教育哲学”是一门复合交叉学科，它不是两门学科的交叉（比如数学教育或数学哲学），而是三门学科的交叉，这种交叉呈现出符合叠加效应，因此其学科形式是丰富和复杂的。与此同时，在多元的研究视角下，其学科特征和方法论的认识也更为具体和丰富。譬如，数学教育哲学主要是一门基于哲学思辨的跨学科的基础理论研究；要认识到数学教育具有其特有的复杂性；数学教育哲学关注的不是数学教育的某一个局部和侧面，而是数学教育的全过程；数学教育行为应该尊重数学教育的规律，尤其是数学的教与学的规律；数学教育是教育的有机组成部分，是科学教育的核心知识载体；数学教育具有鲜明的社会性、文化性和历史性；在方法论方面，数学教育哲学强调整体观、强调理论源于实践并对实践有指导意义；与数学教育哲学紧密相关的学科是数学、哲学、数学教育、数学哲学和教育哲学。

3．理论研究更加关注其实践指导意义与价值

相比于数学教育其他领域的研究，数学教育哲学较为抽象和远离现实的数学教学。然而，数学教育哲学也并非“屠龙之技”，其对数学教育和教学实践具有非常重要的价值。因而，数学教育哲学研究者在一般和抽象的层面对数学的基本性质、特征、形式等对深入探讨时，他们也在思考其在数学教育和教学实践中的渗透和转换。如有的研究者认为数学史是数学哲学向数学教学渗透的一个重要渠道，应发挥数学史和数学教育哲学之间的良性互动。

此外，世纪初的课程改革也引发数学教育哲学研究者从数学教育哲学的角度来思考课程改革的问题，庶几为课程改革中数学教育和教学的正确前行提供方向。

总的来说，这十多年的数学教育哲学研究是在20世纪90年代基础上的继续前行，其在对数学教育哲学的研究对象、学科性质、特征以及与实践的关联等方面都有所推进。然而，在其后续探究过程中，可能需要研究者思考怎样从数学教育本身引出相应的哲学问题。或许这是数学教育哲学区别于教育哲学、数学哲学甚至哲学的本质所在，而这同时也是其学科生命力长存的关键。

（二）关于数学教育中数学文化的研究

文化是近些年教育领域内比较热门的话题，无论是教育教学实践，抑或理论的探索，文化往往成为教育研究和实践的着力点。数学教育领域也不例外，从文化的视角来审视数学教育同样是数学教育哲学研究的一个重要组成部分．具体来说，作为数学教育哲学研究“重要补充”的数学文化研究大致包括以下几个方面。

1．理论研究的层级化

若从理论层面来审视这些年的数学教育中数学文化的研究，其中约略可见以下3个层面的论述：

第一，对“数学文化”所做的前提性思考。数学能否视作一种文化，这是数学教育学者探讨数学文化时首先面对的问题，因而，研究者在思考数学教育中的数学文化时，通常将“数学作为一种文化”来进行思考的可行性作为研究的前提。如有的研究者从数学抽象、数学语言、数学应用等方面思索数学与人类社会文化的关系；而有的研究者则认为数学本身即是一种文化，这是因而数学是一种特殊的文化形态，是人类文化的主要组成部分，并且数学是一种文化精神，它可以进入人的观念系统影响人们的世界观和人生观。

第二，在明确数学是一种文化的前提下，探究数学文化的内涵及其主要特征. 如有的研究者从数学文化、数学的文化观念、数学的文化价值等方面辨析了数学文化的内涵，并认为数学文化可以从数学家和一般大众两个层次上予以理解，从数学家群体出发，数学文化是指数学家所特有的行为方式，从一般大众的角度出发，数学文化是指数学在观念或信念等方面对人们产生了如此重大的影响，以至在很大程度上可被看成相应的整体性社会文化的决定性因素。而有的研究者认为数学文化是真、善、美的统一体，其主要特征是：数学文化是传播人类思想的一种基本方式，作为人类语言的一种高级形态，数学语言是一种世界语言；数学文化是自然社会人之间相互关系的一个重要尺度；数学文化是一个动态的充满活力的科学生物；数学知识具有较高的确定性，因而数学文化具有相对的稳定性和连续性；数学文化是一个包含自然真理在内的具有多重真理性的真理体系；数学文化是一个以理性认识为主体的具有强烈认识功能的思想结构；数学文化是一个由其各个分支的基本观点思想方法交叉组合构成的具有丰富内容和强烈应用价值的技术系统；数学文化是一门具有自身独特美学特征功能与结构的美学分支。如若从文化学的角度来看，数学文化还包括继承性、地域性和超地域性，时代性和超时代性等特性。此外，从静态和动态的角度来看，数学文化是人类在数学活动中所积累的精神创造的静态结果和所表现的动态过程。其中静态结果包括数学概念、知识、思想、方法等自身存在形式中真、善、美的客观因素，动态过程包括数学家的信念品质、价值判断、审美追求、思维过程等深层的思想创造因素。更有研究者从数学文化一词的结构出发，认为数学文化的含义应理解为文化意义下的数学。

第三，从数学观与数学文化相互影响和关联的角度来探究数学文化。如数学文化研究所意欲表达的是一种广泛意义下的数学观念，即不仅超越把数学视为一门科学知识和理论体系的单纯的科学主义观念，特别是从对数学的单纯的科学性（特别是其自然科学性）理解中摆脱出来，而且超越把数学作为以本体论、认识论、方法论为主线的数学哲学观念，而把数学置身于其真实的历史情境、文本语境、数学共同体以及迅猛变革的现实社会文化背景之中，超越数学分支过度专业化的藩篱，从更为广阔的视角去透视数学，领悟数学的社会意义和文化含义，从宏观角度探讨数学自身作为人类整体文化有机组成部分的内在本质和发展规律，并进而考察数学与其他文化的相互关系及其作用形式。与此同时，数学文化观念下的数学价值和功能的基本定位是反对关于数学的任何片面的、固定的和狭义的理解。除此之外，也有研究者从学术形态、课程形态和教育形态等 3 个方面来探究数学文化不同特性。

2．数学教育更加关注数学文化的教育价值与功能

数学文化的探究赋予了研究者审视数学和数学教育新的视角，这其中，数学文化的价值和功能是其最为关注的一个层面。如有的研究者认为，数学文化的基本观念中数学被赋予了广泛的意义，数学不仅是一种科学语言、一门知识体系，而且还是一种思想方法、一种具有审美特征的艺术，进而，在此基础上的数学素质含义应予以新的阐述，即数学素质的本质是数学文化观念、知识、能力和心理的整合，其实现关键在于充分体现数学文化的本质，把数学文化理念贯穿到数学教育的全过程中。此外，也有研究者指出，数学教育应充分重视对数学本质的文化意义的揭示；数学教育应充分揭示数学的精神意义；数学教育应充分揭示数学文化与人类文化间的关系。再者，数学文化的研究可以丰富数学教育的内涵，可以作为数学知识的载体，可以作为感性认识到理性认识的桥梁。

3．数学文化促进了数学学与教的改进与变革

如同数学教育哲学一样，数学文化的探究最终的落脚点依然是数学的学与教，正因此，数学文化的探究离不开其对数学学与教的审视和反思，进而改进和变革数学的学与教。而如果缺少数学文化对数学学与教学的关涉，数学学习可能会像猪八戒吃人参果，不知滋味。如从表现形态来分析数学文化中数学学习的特性，即数学学习的“文化”特征表现为群体的活动性，文化学习的“数学”课程表现为系统的开放性以及数学文化的“学习”过程表现为知识的默会性。而融合数学科学于其内的数学文化之视域中的数学学习及其具有的游戏性、流变性和融贯性等特征能更好地促进学生的数学学习。基于此，其数学学习的构想可以是系统地设计内蕴人类社会的数学历史经验，学生个体的经验及其“整个人”，学生个体或群体的数学学习经验，学生个体或群体逐步系统化的数学知识，数学观念、思想、方法，数学语言和数学意识、能力、习惯等有机结合的学生数学学习的思维结构与过程；理性地明确“‘数学地思考’就是‘在大脑中’解决问题”这一信念；具体地落实“‘定法多用’也能够促进学生发散思维的发展”这一命题。另外，对于教师来说，数学文化视域中的数学教师应该追求“超越”水平的数学教学，而这种“超越”水平的数学教学则应充分体现“整体、联系与转换”“留有余地”和“备而不‘课’”等特征。除此之外，数学文化观念有利于教师和学生树立适当和视野更为广阔的数学观、科学观和世界观，有助于数学课程的恰当定位和加深对数学教学活动本质的认识，有利于促进各级各类学校中教学的文理交融并且数学文化观念之下的学习方式将会更加接近数学知识的生成过程，更接近于学生真实的认识与思维活动。进而开阔学生自我超越的精神空间，促进学生整体认知结构的形成与发展，培养和提升学生的数学科学文化素养。

概而言之，数学文化的探究涉及较多的层面，而课改的推波

助澜，某种程度上凸显了数学文化在数学教育研究中的地位．然而，研究者对于数学文化的理解，可能局限于诸如“数学是看不见的文化”“数学的形式美”“数学是思维艺术”等肤浅的，有点似是而非的论证。这些论述无疑阻碍了数学文化对于数学学与教的审视和反思。鉴于此，有的研究者提出，数学文化的研究需最大限度地整合数学史、数学社会学、数学思维、数学艺术、数学美学等研究，且应从数学和文学、数学与美学、数学与伦理同多侧面来开展微观数学文化的研究。而在我们看来，后继的数学教育中数学文化的研究可能需要研究者从哲学层次上对于数学文化进行深入的思考，如此，数学教育中的数学文化研究才能有质的突破。否则，其可能沦落为华而不实的学术假象。

仅从“数学教育哲学研究”这一表达来看，数学教育哲学研究可能有两类不同的研究路向，一是“数学的教育哲学研究”，即从数学本身的特性出发，并在教育哲学的视角内形成数学教育哲学研究（可参见拉卡托斯的相关研究）；二是“数学教育的哲学研究”，即从数学教育的特性出发，并以哲学的视角来予以审视，进而形成数学教育哲学研究（可参见郑毓信的相关研究，其在《数学哲学与数学教育哲学》中提到：“纯数学的研究并不能完全取代相应的哲学分析，毋宁说，数学自身的发展更加凸现了深入开展数学哲学研究的必要性”，而这或可表明其数学教育哲学研究的基本立场）。此外，两种研究路向也各自具有两种不同的致思之径。对于“数学的教育哲学研究”来说，一是由对数学的理解和认识的基础上，形成相应的数学教育哲学的观点；二是在数学哲学的认识和理解之上，形成数学教育哲学研究。就“数学教育的哲学研究”而言，一是由数学教育中的问题衍生出相应的哲学问题，从而在一般的层次对其进行探究；二是基于某一或某几种哲学立场，对数学教育进行审视、反思和批判。如此，数学教育哲学研究一般具有 4 种不同的研究路径。当然，此种划分可能会有些机械和割裂，但是此种分析可能有助于研究者在后继的研究中明晰各自研究的方向。换言之，在某一领域刚成型之时，杂糅性可能是其无法避免的，而在其深化之际，杂糅性可能会对研究的深入有所牵绊。另外，明确数学教育哲学的致思之径并不是将 4 种方式对立起来，如仅基于某一或某几种哲学立场，对数学教育进行审视、反思和批判。而是在某一路向认识的基础上，对数学的特性和数学哲学进行深入认识。不同致思之径只是数学教育哲学研究的认识方式，其结果所统摄的内容可能在每个方面都有所涉及。

无论是数学教育哲学研究抑或数学文化的教育哲学探索，其都从一般层面对数学教育问题进行审视和思考，而在这审视和思考的过程中，其致思的路径、方式及其对实践的启示可能是多元的。在面对这些多元的研究路径、方式和实践尝试时，可能需要数学教育哲学研究者具备多元的视界。

三、哲学思想在高职数学课程中的体现

高职数学的显著特点是以函数作为研究对象，以极限工具讨论函数的连续性、可导性和可积性等分析性质。数学处处充满了对立统一、量变质变、否定之否定等哲学思想，是“辩证的辅助工具和表现形式”。

（一）对立统一的观点

对立统一规律揭示了客观存在具有的特点，任何事物内部都是矛盾的统一体，矛盾是事物发展变化的源泉、动力。在高等数学中，处处充满着对立统一的概念，例如：常量与变量、有限与无限、局部与整体、近似与精确、微分与积分等。其中微分与积分自始至终贯穿于整个高等数学中，而微积分学基本定理揭示了微分和积分的内在联系，是它们由对立走向统一的桥梁。又如无

穷小量与无穷大量是对立的，也是统一的，两者之间可以通过倒数运算实现相互转换。再如直线可以看成是半径为无穷大的圆，而半径为无穷大的圆可以看作是直线，在这种意义下，直线与曲线这一矛盾也可以相互转化。

如，定积分与不定积分是两个截然不同的概念，定积分是“和式极限”，是一个数，而不定积分是原函数族，是一个函数的集合，但通过牛顿—莱布尼兹 (Newton-Seibniz) 公式：

$\int_a^b f(x)dx = F(x)\Big|_a^b = F(b)-F(a)$，使定积分与原函数或不定积分联系起来，有机结合，且给定积分的计算提供了一个有效简便的方法，即用原函数来计算定积分，而不必按定义去求和式的极限。

又如，在解决线性方程组的解的时候，我们给出两个方程组

$$\begin{cases} x_1+2x_2-x_1=2 \\ 2x_1-x_2+x_3=3 \\ 4x_1+3x_2-x_3=7 \end{cases} \qquad \begin{cases} x_1-x_2-x_3=1 \\ x_1+x_2-x_3=2 \\ x_1-x_2-x_3=3 \end{cases}$$

求这两个方程组的解的问题。在讨论的时候，学生已经知道一个知识点：当行列式不等于 0 的时候，方程组有唯一的解，且这个解可以有克莱姆法则解出来。但是，这两个方程组的系数行列却都等于 0，这就出现了矛盾，由此，在引出新的知识，利用矩阵的方法去解决这类不是唯一解的方程组问题，第一个方程组有无穷多解，第二个方程组无解。

（二）量变质变的观点

量变质变规律揭示了事物发展变化形式上具有的特点，从量变开始，质变是量变的终结。其中量变是质变的必要准备，质变是量变的必然结果；质变不仅可以完成量变，而且为新的量变开

辟道路。在高等数学中，为求曲线 $y=f(x)$ 在点 P 处的切线的斜率，首先在曲线上另取一点 Q，并求割线 PQ 的斜率；然后让点 Q 沿曲线无限地趋近点 P，割线 PQ 的极限位置即是曲线在点 P 处的切线，割线 PQ 斜率的极限即是切线的斜率。在点 Q 沿曲线无限接近点 P 的过程中，相应的割线 PQ 斜率在不断地发生变化，但这只是一个量变过程，其数值始终是割线的斜率。只有当点 Q 到达极限位置即点 Q 与到点 P 重合时，割线 PQ 的斜率才发生质变，成为切线的斜率。

再如，极限的概念就是高等数学中一个体现出从量变到质变过程的生动例子。极限就是"变量无限地向有限的目标逼近而产生量变到质变的转化"。例如，"割圆术"求圆的面积的原理是：用内接正多边形的面积近似代替圆的面积。当正多边形的边数不断增加，正多边形的面积就越来越近似于圆的面积，但只要正多边形的边数有限，正多边形的面积始终是圆面积的近似值，在这里体现了量变；但当多边形的边数无限增加时，正多边形的面积就是圆的面积了，这就是质变。还有一元函数推广到多元函数的时候，自变量个数增加了，有的性质也会发生质变。在高等数学课程中，体现出从量变到质变的例子有不少，教师在教学中应当引导学生通过质量互变哲学思想，理解概念之间的区别与联系，这样就不会犯类似于 $1^{\infty}=1$ 这种想当然的错误了，从而提高了学习效果。

（三）否定之否定的观点

否定之否定规律揭示了矛盾运动过程具有的特点，表明事物自身发展的整个过程是由肯定、否定和否定之否定诸环节构成的。其中否定之否定是过程的核心，是事物自身矛盾运动的结果，是矛盾的解决形式。反证法是高等数学中的一种常用方法。在反证法中，为了达到肯定题断的目的，首先否定题断，并以此为依据推出矛盾，从而否定前面否定的题断，即肯定了题断。反证法显然符合“肯定—否定—否定之否定”的形式。否定之否定的实质是肯定题断，但与肯定阶段的肯定题断有着本质的区别。肯定阶段的肯定题断是未知的，是有待于证明的；而否定之否定阶段的肯定题断是明确的，是经过严格论证得出的已经认可的结论。否定之否定经过一个周期的运动回到了起点，又高于起点。正如恩格斯所说：否定之否定是在“更高的阶段上重新达到原来出发点”。

如学习定积分的概念时，首先将原来大曲边梯形分割成若干个小曲边梯形，在每个小曲边梯形中，视曲边为直边，以直边梯形面积之和作为大曲边梯形面积近似。其次，分割无限加细，取极限，这样小直边梯形面积转化为大曲边梯形面积，实现了“以曲代直”。这种方法是由曲到直再由直到曲，体现的哲学思想是由变到不变的否定之否定的辩证法思想，这样“化整为零，积零为整的方法，是高等数学最基本的思想方法之一。

又如，在讲解积分上限函数的导数等于被积函数在积分上限处的函数值，即 $\frac{d}{dx}\int_a^x f(x)dx = f(x)$，其中积分上限函数 $\Phi(x)=\int_a^x f(x)dx$ 可理解为对函数先积分（上限是 x，下限是常数 a）——第一次否定；再求导数——第二次否定，结果又回到了函数本身，这是否定之否定规律的表现形式。

（四）相对性与绝对性观点

相对与绝对是反映事物性质的两个不同方面的哲学范畴。相对是指有条件的、暂时的、有限的；绝对是指无条件的、永恒的、无限的。高等数学中的许多研究对象也是如此。例如：在二元函数 $z=f(x, y)$ 中，x, y 是变量，这是绝对的。但在对 x 或 y 求偏导数的过程中，需要暂时将 y 或 x 视为常量，这又是相对的。类似的情形也出现求二次极限和二次积分中。在求二次极限，和二次积分，时，需要首先将 x 视为常量，然后再将 x 视为变量。需要指出的是，上述 3 个问题的处理方法，一方面体现了相对性与绝对性观点的应用，另一方面体现了否定之否定观点的应用，即 x 经历了由“变量—常量—变量”的周期运动，符合“肯定—否定—否定之否定”的形式。

（五）多样性与统一性的观点

事物是多样的，又是统一的。在高等数学中，函数的形式是多种多样的，例如：基本初等函数、初等函数、分段函数、取整函数以及由方程所确定的隐函数等，但无论是怎样的函数，从本质上讲都是一种映射或对应关系。又如积分的形式是多种多样的，除定积分外，还有二重积分、三重积分、曲线积分、曲面积分等，尽管它们的几何意义或物理意义各不相同，但它们都归结为某种积分和的极限。它们有着许多共性，最终都要转化为定积分来计算，并且具有许多共同的性质，如线性性、可加性、中值定理等。再如闭区间 $[a,b]$ 上的连续函数是多种多样的，但它们在闭区间 $[a,b]$ 上无一例外地都具有有界性、最值性、介值性和一致连续性。

（六）现象与本质的观点

本质与现象是表示事物的里表及其相互关系、反映人们对事物认识的水平和深度的一对哲学范畴。世界上的任何事物都是本质和现象的对立统一，透过现象把握其本质是科学的基本任务之一。在高等数学中，不定积分和定积分都是积分，也有一定的联系，但二者却有着本质的区别。从本质上讲，不定积分是全体原函数的集合，是一个函数簇；定积分是一个和式的极限，是一个

确定的数值，两者既有区别又有联系，牛顿和莱布尼兹通过微分中值定理把两者联系起来了，这也标志着微积分这门学科的诞生。如函数极限与积分和的极限都是极限，它们的定义也非常相似，但二者也有着本质的区别。在函数极限 $\lim_{x \to a} f(x)$ 中，对每个极限变量 x 来说，$f(x)$ 的值是唯一确定的；在积分和极限中，对每一个 $\|T\|$ 来说，由于介点集的无穷多样性使得相应的积分和的值具有无穷多样性，这使得积分和的极限要比通常的函数极限复杂得多。

另外，还有导数，定积分，二重积分，三重积分，曲线积分，曲面积分，无穷级数本质上都是极限，因此都满足极限的线性性质。也说明了极限是微积分这门学科的主线，把看似零散的知识点都联系起来了。行列式和矩阵是线性代数中两个重要概念，虽然都可以求线性方程组的解，但本质不同，行列式是一个数，而矩阵是一个数表。两者之间既有本质区别，又有一定联系。一方面矩阵的秩是通过行列式定义的，另一方面用行列式求解线性方程组和用矩阵求解线性方程组解的公式是一致的，说明行列式和矩阵在求解线性方程组方面是密切联系的。

（七）普遍联系与发展的观点

世界上的一切事物、现象、过程彼此相互联系，整个世界是相互联系的统一整体。与此同时，一切事物都处在永不停息的运动、变化和发展之中。例如：在高等数学中，微分和积分通过微积学基本定理相互联系，二重积分与曲线积分通过格林公式相互联系，三重积分与曲面积分通过高斯公式相互联系。再如，数项级数的积分判别法则给出了广义积分与数项级数的关系。与此同时，在高等数学中，积分概念是不断运动和发展的。主要表现在两个方面：一是从一元函数的定积分发展为一元函数的广义积分，二是从一元函数的积分发展为多元函数的二重积分、三重积分、曲线积分和曲面积分等。这既是解决几何、物理等实际问题的需要，也是积分概念不断完善的需要，是外部矛盾与内部矛盾共同作用的结果。

再如微分中值定理作为研究函数的有力工具，也是相互联系的。其中拉格朗日定理是罗尔定理的推广，同时也是柯西中值定理的特殊情形。可见在学习数学时，我们也应坚持联系的观点，用普遍联系的观点看问题。

(八)实践的观点

实践是认识的起点，也是认识的归宿。毛泽东同志曾说过：实践、认识、再实践、再认识，这种形式，循环往复以至无穷，而实践和认识之每一循环的内容，都比较地进到了高一级的程度。数学源于实践，最终还要应用于实践，接受实践的检验。在高等数学中，导数的概念源自几何中的切线问题和物理中的瞬时速度问题，研究了导数的概念和计算方法后，可以利用导数求物理学中的加速度、经济学中的边际成本和边际效益等问题。同样的，定积分概念源自求曲边梯形的面积和变力作功等问题，研究了定积分的概念的计算方法方法后，可以利用定积分求平面图形的面积、曲线的弧长、旋转体的体积等。在研究数学和学习数学的过程中，尤其要注意将所学数学知识运用于生产实践，并在生产实践中体验数学、感受数学。唯有这样，才是学习数学的真正目的。

又如统计学完完全全地体现了实践是检验真理的唯一标准这一哲学思想。无论是统计方法还是统计思维，都是对实践是检验真理的唯一标准这一马克思主义哲学观进行了数理化的表达。概率统计从大量随机现象出发来研究客观事物的数量变化规律。统计工作不断地重复着从理论到实践、实践到理论这一过程，并在研究过程中不断深入探索，提出新思想，发现新规律，并利用所得到的结论指导生产实践，为决策和行动提供依据和建议。因此，从某种意义上来说，统计时时处处体现了实践是检验真理的唯一标准。

（九）偶然与必然的观点

偶然性与必然性之间有着十分紧密的联系，是既对立、又统一的矛盾双方，当偶然性满足一定的条件时，就会转化成为必然性。概率统计从认识事物的偶然现象出发，指出了偶然性是必然存在的。一方面，偶然性来源于事物与外部不可分割的多渠道联系；另一方面，它也产生于事物内部间的相互作用。概率统计在研究事物的偶然现象的过程中，发现大量偶然现象的发生频率或整体分布状态存在着某种非偶然的稳定性趋势，并用数学的方法揭示了这种稳定性的规律。所有不同形式的大数定律和中心极限定理，都是概率统计学对随机现象统计规律性的反映，也是在一定条件下偶然性转化成必然性的体现。概率统计的基本思想就是通过对偶然性的研究去揭示大量偶然现象在整体上呈现出的必然性特征——统计规律，并利用所得到的统计规律做出科学的判断和决策. 统计规律不是概率统计学家捏造出来的，而是客观存在的大量随机现象的整体趋势，是偶然性和必然性的对立统一。

（十）归纳与演绎的观点

归纳和演绎反映了人们认识事物两条方向相反的思维途径，二者相互联系、互为条件，同时又相互补充、相互转化。统计研究是从个别到一般的过程，所以统计思维必然是一种归纳。另外，统计不仅要根据所搜集到的原始信息推理获得一般的结论，而且还必须对所得到的结论进行假设检验，进行论证。因此说，统计思维是归纳与演绎的统一。归纳方法论强调了方法和外来信息的重要性，而演绎方法论则强调了问题和先验信息的重要性。只有将二者有机地结合起来，相互协调，相互补充，才能真正解决实际问题，才能找到可靠的科学真理。

四、高职数学教学中体现哲学思想的案例

（一）“直—曲”的思想

众所周知，直线与曲线这两个数学概念是有严格区别的。初等几何正是以这种区别为基础建立起自己的理论体系的。但是，直线与曲线又是有着内在联系的，在一定条件下可以互相转化，比如在微积分中，“无限”的条件下，直线与曲线可以当成是一回事。正如恩格斯所指出的那样：“直线和曲线在微积分中终于等同起来了”，“当直线和曲线的数学可以说已经山穷水尽的时候，一条新的几乎无穷无尽的道路，由那把曲线视为直线（微分三角形）并把直线视为曲线（曲率无限小的一次曲线）的数学开拓出来了。”事实上，在微积分中，正是由于运用了曲线转化为直线，直线转化为曲线，即曲直转化，解决了在初等数学中无法解决的一些问题。

（二）运动与静止

在高等数学中蕴含着丰富的哲学思想，有时动中求静，把动态问题转化为静止状态来分析，有时却静中觅动，运用相互运动的观点来研究，会收到事半功倍的效果。

举个例子。设某地区在某时刻 t 的人口总数为 $N = N(t)$ 。统计资料表明，该地区的人口出生速率与总人口数成正比，比例系数为常数 $k(k > 0)$ ；而由于疾病及其他非正常因素（如天灾，人

祸，事故等）使得死亡速率与总人口数的平方成正比，比例系数为$q(q>0)$，求人口增长率。

解 由于人口总数$N(t)$只能取正整数，而且人口总数是一个很大的数目，相对于人口最小增量单位1（人）来说，可以近似地把$N(t)$看成是连续变化的。

设在小段时间间隔内，该地区的人口改变量为ΔN，ΔN是由两方面因素决定的，一是出生人数，二是死亡人数。虽然在这小段时间间隔内，N是变量，但当Δt很小时其变化很小，可以把它近似看成是常量，因此，在这小段时间间隔内的人口出生人数约为$kN\Delta t$。同理，在这小段时间内的死亡人数约为$qN^2\Delta t$，所以在小段时间间隔内，人口的改变量为$\Delta N\approx kN\Delta t-qN^2\Delta t=(k-qN)N\Delta t$，不管$\Delta t$多么小，人口的改变量始终是一个近似值，只有当$\Delta t$无限变小时，即$\Delta t\to 0$时

$$\lim_{\Delta t\to 0}\frac{\Delta N}{\Delta t}=(k-qN)N$$

就是该地区人口总数增长率的精确值。

再看另一个例子。

据说，在一次鸡尾酒会上，有人向约翰·冯·诺伊曼（1903—1957年，20世纪最伟大的数学家之一）提出一个数学问题：两个男孩各骑一辆自行车，从相距20英里（1英里合1.6093千米）的两个地方，开始沿直线相向骑行。在他们起步的那一瞬间，一辆自行车车把上的一只苍蝇开始向另一辆自行车径直飞去。它一到达另一辆自行车车把，就立即转向往回飞。这只苍蝇如此往返，在两辆自行车的车把之间来回飞，直到两辆自行车相遇为止。如果每辆自行车都以每小时10英里的等速前进，苍蝇以每小时15英里的等速飞行，那么，苍蝇总共飞行了多少英里？（因为要求解苍蝇总共飞行了多少英里，所以，许多人便先计算苍蝇在两辆自

行车车把之间的第一次路程，然后是返回的路程，依次类推，算出那些越来越短的路程。但这涉及所谓无穷级数求和，这是非常复杂的高等数学），约翰·冯·诺伊曼思索片刻便给出正确答案：15英里。提问者显得有点沮丧。约翰·冯·诺伊曼解释说，绝大多数数学家总是忽略能解决这个问题的简单方法，而是采用无穷级数求和的复杂方法。

这里实际上涉及运动与静止的观点，我们常常忽略。“一切皆变，无物常住”。这是一个原始的朴素的世界观。辩证唯物主义的哲学观则不仅认为世上万物均处于运动之中，而且认为运动是相对的，静止是存在的，但又不是绝对的静止，而是相对的、有条件的静止。这一原理启发我们，“动”和“静”是不能完全割裂的，解题中有时动中求静，把动态问题暂时处于静止状态来观察、分析，可以获得成功；有时却静中觅动，运用相对运动的观点来研究，又会收到事半功倍的效果。

总之，动与静是中国哲学史上的一对重要范畴，关于两者关系的探讨，最早见于老子哲学。他说：“反者，道之动；弱者，道之用。”老子认为万事万物的运动变化都是循环反复的，事物的发展必然要走到自己的反面，这就是“道”的运动。诚然，老子把静看成是绝对的并不正确。但他看到了动和静之间的关系不是截然对立的，而且，他是历史上第一个辩证揭示动静关系的思想家。事实上，对动和静的辩证把握，正是中国哲学的优良传统之一。明清之际的思想家王夫之说得十分透彻：“动极而静，静极而动……方动即静，方静即动，静极含动，动不舍静。”动与静是事物相互依存的两种状态，它们是对立统一的关系。同时运动是绝对的，静止是相对的。

(三)“以退求进”的思想

所谓“以退求进”的思想，即是在已有知识积累的前提下，对要求解决的问题在直接求解有困难时，采取退一步先考察它的接近问题（如特殊的、简单的、近似的等问题），然后再进一步分析研究，从中探求出求解问题的方法，最终使问题得以解决。定积分概念的建立正是这种思想方法的一种具体形式的运用，具体表现在下图中。比如求曲边梯形面积S。

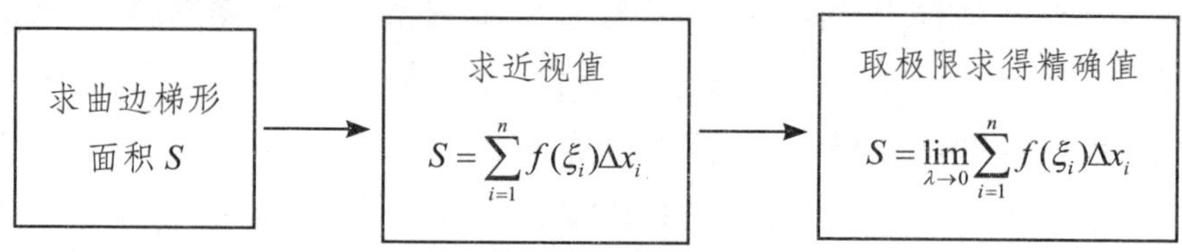

再如求 $y=x^x$ 的导数时，幂指函数 $y=x^x$ 既非幂函数也非指数函数，求导时也无公式可用。因此，退一步，等式两边先取对数，使之转化为隐函数，这样就能顺利求导了。这种以退为进的思想方法不仅可以解决数学中的问题，而且还可以培养学生的探索能力和创造性思维能力，训练反常规思维和抽象思维。

高等数学中极限、导数、重积分、曲面积分和曲线积分等概念的建立都确实隐含了“以退求进”这一思想方法，使这些位于高等数学中不同部分的概念在思想和方法论的意义下得到和谐统一。通过定积分概念的建立揭示这一方法，不仅使掌握这些概念变得统一有序，也为利用这些概念的教学培养学生掌握运用“以退求进”的思想方法，体验“问题”“问题解决”“抽象出新的数学概念”这一数学发明过程创造了条件。

（四）有限与无限

两个小孩子在比较某事物的数量，一个说“我有1000”，另一个说“那我有10000”，一个说“你有多少，那我就有多少再加1”，另一个说“我有全宇宙那么多”……

显然，他们最后诉求的其实不正是我们现在所说的有限与无限之间的关系？

无限与有限有本质的不同，但二者又有联系，无限是有限的发展。无限个数目的和不是一般的代数和，把它定义为“部分和”的极限，就是借助极限法，从有限认识无限。

我们知道有限与无限是初等数学与高等数学的主要区别之一。一些对于“有限”成立的命题、性质，推广到“无限”时仍能成立，而另一些则不成立。忽视两者的差别常常会犯错误. 例如，由$1<2,2<3,\cdots,n<n+1,\cdots$推得$1+2+\cdots+\cdots n+\cdots<2+3\cdots+(n+1)\cdots$。若记$x=2+3+\cdots+(n+1)+\cdots$，则有$1+x<x$，即$1<0$。但夸大了两者的差别又将限制学生的思维，同样是有害的。重要的是了解哪些命题对于“有限”成立，推广至“无限”仍然成立；特别是普遍性推广不成立时，其中是否有特殊命题可以推广。如果推广成功，我们就得到了一个新的发现，新的创造。

由sinx的幂级数展开式可得：

$$\frac{\text{sinx}}{x}=1-\frac{x^2}{3!}+\frac{x^4}{5!}-\frac{x^6}{7!}+\cdots(x\neq 0)$$

令$f(y)=1-\frac{y}{3!}+\frac{y^2}{5!}-\frac{y^3}{7!}+\cdots$，则$f(y)=0$的解为，…，而对于有限次多项式$g(x)=a_0+a_1x+\cdots+a_nx^n\ (a_na_0\neq 0)$，由$g(x)=0$的根$x_1, x_2, \cdots, x_n$与系数$a_0, a_1, \cdots, a_n$之间的关系可得

$$\sum_{i=1}^{n}\frac{1}{x_i}=\frac{a_1}{a_0}$$

$$\sum_{1\leqslant i<j\leqslant n}\frac{1}{x_i x_j}=\frac{a_2}{a_0}$$

$$\sum_{1\leqslant i<j<k\leqslant n}\frac{1}{x_i x_j x_k}-=\frac{a_3}{a_0}$$

将 $f(y)$ 看成“无限次多项式”，由于没有最高次项的系数，因而无法将根与系数的关系推广到“无限”的情形，但可推广得到

$$\sum_{n=1}^{\infty}\frac{1}{n^2}=\frac{\pi^2}{6},\ \sum_{n=1}^{\infty}\frac{1}{n^4}=\frac{\pi^4}{90},\ \sum_{n=1}^{\infty}\frac{1}{n^6}=\frac{\pi^6}{945}$$

从有限发展到无限，是认识上的一次飞跃。有限与无限之间存在着本质的差异，针对有限量成立的关系到了无限量就不再成立且初等数学不能处理无限过程。而在高等数学中，我们可以通过有限来认识无限，同时通过有限来确定无限，这是一个从量变到质变的过程，它是微积分的基本思想方法，也就是我们熟知的极限法导数概念的建立以及定积分概念的建立。都是一个从有限到无限的过程都需要借助极限法。

总之，有限与无限的辩证统一，极限是微积分的基本概念，它贯穿于微积分的始终，是微积分的灵魂。在极限中，有限与无限的辩证统一把微积分一步步引向深入。有限与无限是对立的两个方面，既有区别有存在内在的相互联系。有限可化为无限，无限也可用有限来表示。如 2 是确定的有限数，但它可以用一个无限的数列之和：$1+\frac{1}{2}+\frac{1}{2^2}+\cdots+\frac{1}{2^{n-1}}+\cdots$ 来表示，从而达到统一。而最能刻画极限思想的是魏晋时数学家刘辉的割圆求周。所谓极限思想是用联系、变化的观点，把所考察的对象（圆的周长）看

做是某对象（圆内接正多边形的周长）在无限变化过程中变化结果的思想。它出发于对过程无限变化的思考，而这种考察总是与过程的某一特定的、有限的、暂时的结果密切相关。因此它体现了恩格斯所说“从有限中找到无限，从暂时中找到永久，并使之确定起来”。

（五）特殊与一般

数学是研究现实世界的空间形式和数量关系的科学。而现实世界中，事物的特殊性中存在着普遍性，个性中存在着共性，这在高等数学中就变，现为特殊与一般的辩证关系。例如，各个数学概念的引入，总是从典型的特殊例子开始，然后通过科学的抽象，便形成有关的数学概念；比如求一些函数的 n 阶导数的公式以及求级数的通项等，都是通过分析前面特殊的若干项，经归纳、概括而得到一般项。

从一个特殊问题出发，我们可以讨论它的一般性问题。反过来，我们也可以从一般问题考察其特殊情形。一般而言，一般问题较特殊问题更复杂，更难找到解决的途径。认识遵循由易到难，由浅入深得规律，人们往往先解决简单的特殊问题，并从中找到解决一般问题的启示。在高等数学中，微分中值定理—罗尔定理、拉格朗日中值定理、柯西中值定理的证明充分体现了这种“由特殊到一般”的思想。

然而，特殊问题并不总是比一般问题更易解决。这类问题若孤立地去解，几乎毫无办法。若将其置于一个适当的一般问题中，则迎刃而解。高等数学中常将一些数项级数的求和置于适当的函数项级数，将被积函数的原函数不是初等函数的定积分 $\int_a^b f(x)dx$ 计算置于 $I(y)=\int_a^b f(x,y)dx$ 中。

例 1 求广义积分$\int_0^{+\infty}\frac{\sin x}{x}dx$的值。

解 作函数$I(\alpha)=\int_0^{+\infty}e^{-\alpha x}\frac{\sin x}{x}dx(\alpha\geqslant 0)$。显然，问题转化为求$I(0)$。通过$I(\alpha)$先求导再积分可得$I(\alpha)=\frac{\pi}{2}-\arctan\alpha$，因此$\int_0^{+\infty}\frac{\sin x}{x}dx=I(0)=\frac{\pi}{2}$

例 2 证明$\sum_{n=1}^{\infty}\frac{1}{n^2}=\frac{\pi^2}{6}$。

解 考察傅里叶级数

$$J(x)=\sum_{n=1}^{\infty}(\frac{1}{n^2}\cos nx+b_n\sin nx)$$

问题转化为求证$J(0)=\frac{\pi^2}{6}$。

设上式为周期 2π 的函数 $J(x)$ 的傅里叶级数，则$J(0)=\frac{1}{2}[J(0^+)+J(2\pi^-)]$。先考察$g(x)=x^2(0\leqslant x\leqslant 2\pi)$的傅里叶级数，$a_0=\frac{1}{2\pi}\int_0^{2\pi}x^2dx=\frac{8}{3}\pi^2$，$a_n=\frac{1}{\pi}\int_0^{2\pi}x^2\cos nx dx=\frac{4}{n^2}$，

于是，

$$x^2\sim\frac{4}{3}\pi^2+\sum_{n=1}^{\infty}(\frac{4}{n^2}\cos nx+b_n\sin nx)$$

因此$f(x)=\frac{1}{4}(x^2+\frac{4}{3}\pi^2)$，$0\leqslant x\leqslant 2\pi$，就有形如

$$J(x)=\sum_{n=1}^{\infty}(\frac{1}{n^2}\text{cosnx}+b_n\text{sinnx})$$

的傅里叶级数，从而$J(0)=\frac{\pi}{6}$。

“一般化又称普遍化，它是把研究对象或问题从原有范围扩展到更大范围进行考察的思维方法；特殊化是把研究对象或问题从原有范围缩小到较小范围或个别情形进行考察的思维方法”（G. 波利亚语）。由于一般性总是寓于特殊性之中，所以要研究某一对象或问题时，就可以通过对特殊和个别的分析去寻求一般，以获得关于所研究对象的性质或关系等认识，找到解决问题的方向、途径或方法。解题中，常常可以利用这种“以退求进”的思维方法将问题做“特殊化”或“一般化”处理。

（六）连续与离散

连续与离散是相互对应统一的。在许多实际问题中，连续函数常用不连续（离散）的函数来近似逼近；而离散的类型又常用连续函数来描述。如我们的视觉及触觉感受到的，流体介质可以近似地描述成连续的。因为我们关心的并不是分子范围发生的事情，因而这种描述是合适的。再如，在日常生活中，我们总可以将一张四脚方桌摆放平稳，因为地面可以看作一个连续的曲面。

所谓方桌能否在地面放稳是指方桌的四个脚能否同时着地。

生活中的椅子大多数是四条腿，如果根据三点确定一平面原理，三条腿的椅子既稳定又节约材料，为什么不用三条腿的椅子？如果从美观的角度出发考虑，为什么不用五条腿、六条腿的椅子？四条腿长度相等的椅子放在起伏不平的地面上，四条腿能否同时着地？

我们将建立一个简单而巧妙的模型来解决这个问题。在下面的合理假设下，问题的答案是肯定的。

假设：

（1）椅子的四条腿一样长，四脚的连线是正方形；

（2）地面是数学上的光滑曲面，即沿任意方向，曲面能连续移动，不会出现阶梯状；

（3）对于椅脚的间距和长度而言，地面是相对平坦的，使椅子在任何位置至少有三只脚同时落地。

建模的关键在于恰当地寻找表示椅子位置的变量，并把要证明的“着地”这个结论归结为某个简单的数学关系。假定椅子中心不动，四条腿着地点视为几何学上的点，用 A、B、C、D 表示，将 AC、BD 连线看作为 x 轴、y 轴，建立如图 4-1 所示的坐标系。建立坐标系后，可将几何问题代数化。

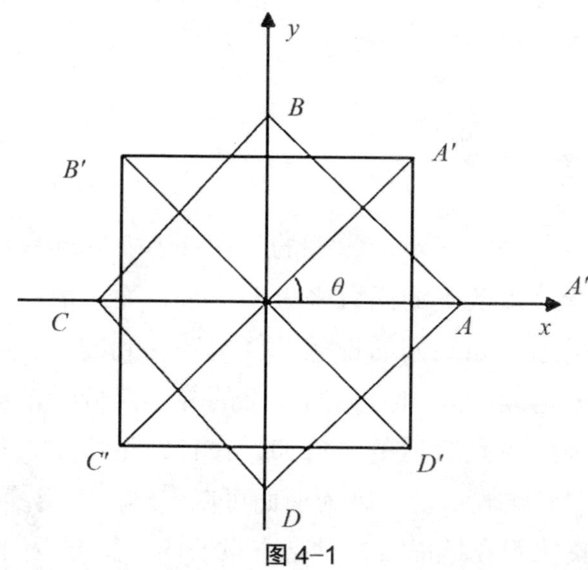

图 4-1

当一次放不平椅子时，我们总是习惯于转动一下椅子（这里假定椅子中心不动），由此可将椅子转动联想到坐标轴的旋转。

设 θ 为对角线 AC 转动后与初始位置 x 轴的夹角。如果定义椅脚到地面的竖直长度为距离，则“着地”就是椅脚与地面的距离等于零，由于椅子位于不同的位置，因而这个距离是 θ 的函数，而椅子有四个脚，故有四个距离，但又因正方形的中心对称性，所以只要设两个距离函数就可以了。记 A、C 两脚与地面距离之和为 $g(\theta)$，B、D 两脚与地面距离之和为 $f(\theta)$，显然有 $g(\theta)\geqslant 0, f(\theta)\geqslant 0$。

因地面光滑，故 $g(\theta)$、$f(\theta)$ 连续，而椅子在任何位置总有三只脚可同时“着地”，即对任意的 θ，$g(\theta)$ 与 $f(\theta)$ 中总有一个为零，即 $f(\theta)g(\theta)=0$。不失一般性，不妨设 $g(\theta)$ =0，于是椅子问题抽象成如下数学问题：

已知 $g(\theta)$、$f(\theta)$ 是 θ 的连续函数，且对任意的 θ，$f(\theta)g(\theta)=0$，$g(\theta)$ =0，$f(\theta)>0$。求证：存在 θ_0，使得 $g(\theta_0)=f(\theta_0)=0$。

证明：令 $h(\theta)=f(\theta)-g(\theta)$，由函数 $g(\theta)$、$f(\theta)$ 的连续性，知 $h(\theta)$ 也是 θ 的连续函数，且有 $h(\theta)=f(\theta)-g(\theta)=f(\theta)>0$。

将椅子绕中心（即坐标原点）转动 90°，则对角线 AC 与 BD 互换。

由 $g(\theta)$ =0，$f(\theta)>0$ 有 $g(\frac{\pi}{2})>0$，$f(\frac{\pi}{2})=0$，从而

$$h(\frac{\pi}{2})=f(\frac{\pi}{2})-g(\frac{\pi}{2})=-g(\frac{\pi}{2})<0$$

又因 $h(\theta)$ 在 $[0,\frac{\pi}{2}]$ 上连续，根据连续函数的介值定理知，必存在 $\theta_0\in[0,\frac{\pi}{2}]$，使得 $f(\theta_0)=0$，即 $h(\theta_0)=f(\theta_0)-g(\theta_0)=0$　（4－1）

又因对任意的 θ，$g(\theta)$ 和 $f(\theta)$ 中总有一个为零，所以有

$$g(\theta_0)f(\theta_0)=0 \qquad (4-2)$$

由（4－1）式、（4－2）式可知

$$g(\theta_0)=f(\theta_0)=0$$

即只要把椅子绕中心（坐标原点）逆时针旋转 θ_0 角，椅子的

四条腿就同时“着地”了，即椅子四条腿能同时“着地”。理论上保证了稳定性，又美观大方，所以生活中常见的便是四条腿的椅子。

从上述椅子问题的解决中我们可受到一定的启发，学习到一些建模的技巧：转动椅子与坐标轴联系起来；用一元变量表示转动位置；巧妙地将距离用 的函数表示，而且只设两个函数 $g(\theta)$ 、$f(\theta)$（充分注意到椅子有四只脚）；由三点确定一平面得到 $f(\theta)g(\theta)=0$；利用转动并使用介值定理巧妙而简单地获得问题的解决。

反过来，我们常用分段连续的函数来近似连续的过程，这也是很有好处的。汽车的速度是时间的连续函数，但它常用一系列很短时间内的常数速度来近似，并以此来计算走过的距离。高等数学中的定积分计算更是将连续函数离散化了。

事实上，像“在任何一个 5 秒的时间区间内均不跑 500 米，问 10 秒能否恰好跑完 1000 米？”这样的跑步问题也可运用连续函数的有关性质的论证出其要求是无法实现的。

（七）近似与精确

近似与准确是对立统一关系，两者在一定条件下也可相互转化，这种转化是数学应用于实际计算的重要诀窍。前面所讲到的“部分和”“平均速度”“圆内接正多边形而积”，依次是相应的无穷级数和、瞬时速度、圆面积的近似值，取极限后就可得到相应的准确值。这都是借助极限法，从近似认识准确。

高等数学中要解决的是非均匀分布或变化的问题，因此无法像初等数学一样直接得到简洁完美的公式。高等数学中无论是微分法还是积分法，解决问题所采用的方式通常是先作近似值，再通过极限过度到精确值：作近似值所用到的公式通常就是初等数学中已有的内容，但高等数学依靠极限过程。从有限过度无限，从量变过度质变，最终完成了本质飞跃。导数概念的建立以及定积分概念的建立就充分反映了这种近似向精确转化的典型方式。

（八）罗尔定理与拉格朗日定理蕴含的哲学思想

我们在学习高等数学的过程中，总会遇到这样或那样的问题。思考问题的来龙去脉，并加以总结以提高，在这其中我们不难发现一些蕴含的哲学思想。比如微分中值定理——罗尔定理与拉格朗日定理。

在平面直角坐标系上，任取与 x 轴等距离的两点 A，B，用连续、光滑的曲线连接 A，B 两点。问表示这些曲线的函数的导数有什么共同点？（如图 4-2- 图 4-4）

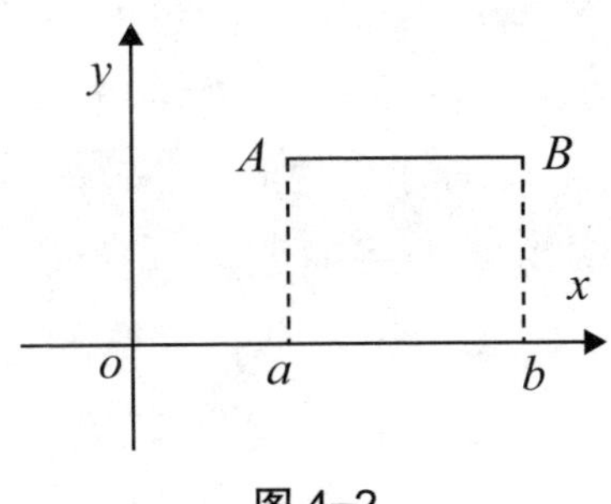

图 4-2

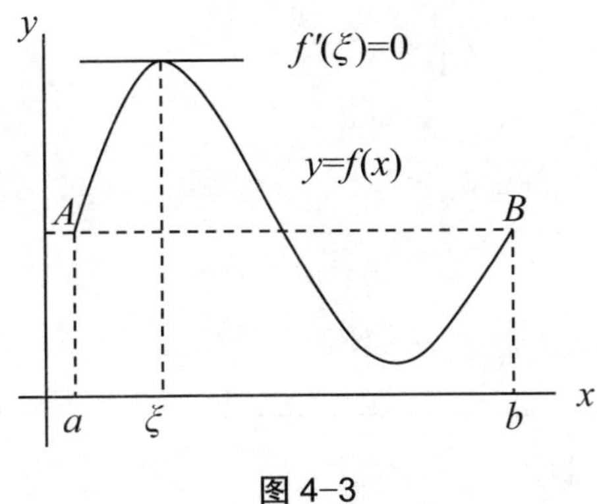

图 4-3

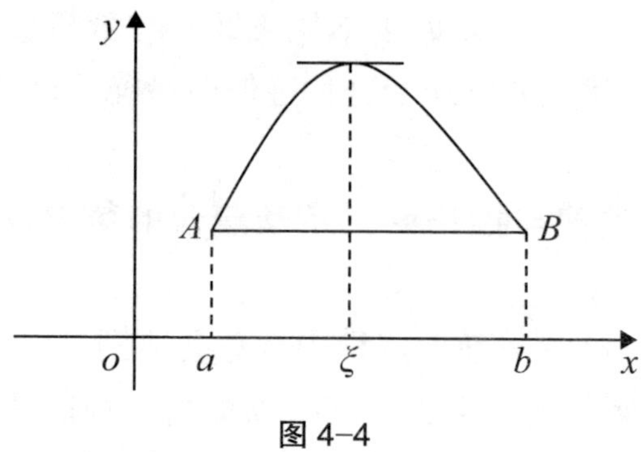

图 4–4

这里我们不难找出这些曲线的函数 $f(x)$ 在 (a,b) 内至少存在一点 ξ，使得 $f'(\xi)=0$。

存在的共同点就是：$f(x)$ 在 $[a,b]$ 连续，在 (a,b) 内可导且区间端点的函数值相等。

故可得：若 $f(x)$ 在 $[a,b]$ 上连续，在 (a,b) 内可导，且 $f(a)=f(b)$，则在 (a,b) 内至少存在一点 ξ，使得 $f'(\xi)=0$。这仅仅是我们从直观上得出的一个命题，它是否正确，还需从理论上加以证明（证明过程略）。通过证明得知上述命题是真命题，而最早发现该命题的是法国数学家罗尔，为了纪念他对数学的这一贡献，人们把该命题命名为罗尔定理。这里体现出高等数学中的直观思想。

若 $f(x)$ 在 $[a,b]$ 上不满足罗尔定理的条件，在 (a,b) 内就一定不存在导数等于 0 的点吗？

从下图 4–5 中直观分析一下：

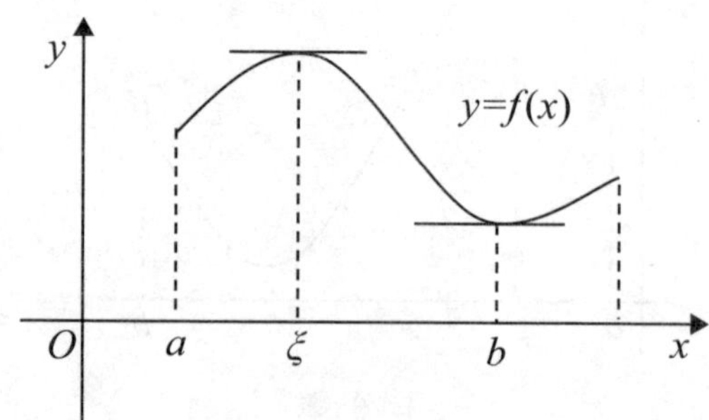

图 4–5

我们可以看出，$f(x)$ 虽然不满足罗尔定理的条件，但在 (a,b) 内也有使 $f(x)$ 的导数等于 0 的点。这说明罗尔定理的条件是充分的而非必要的；同时罗尔定理的条件又是十分重要的，如果有一个条件不满足，定理的结论就有可能不成立。如图 4–6—图 4–7。

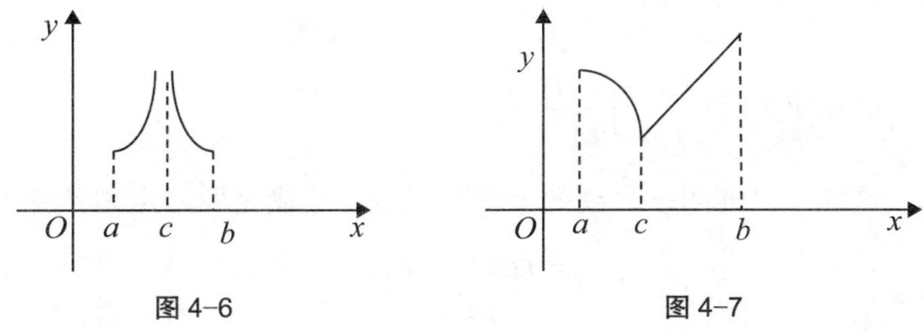

图 4–6　　　　图 4–7

这些函数 $f(x)$ 在 (a,b) 内均不存在 ξ，使得 $f'(\xi)=0$。对图 4–8 而言，它说明曲线 AB 段内没有平形于 x 轴的切线。那么它有没有平行于直线 AB 的切线呢？把 AB 向下平移，显然在曲线段 AB 内有平行于 AB 的切线，如图 4–9

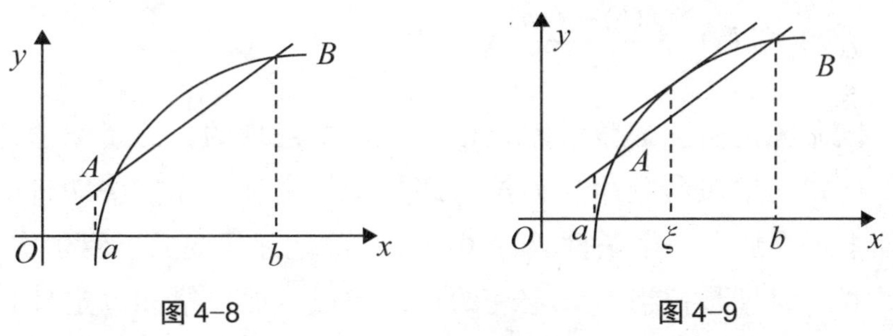

图 4–8　　　　图 4–9

由两直线平行，则斜率相等，又根据函数的几何意义可知，在 (a,b) 内存在一点 ξ 使得 $f'(\xi)=\dfrac{f(b)-f(a)}{b-a}$，于是我们又得到一个命题：

如果 $f(x)$ 在 $[a,b]$ 上连续，在 (a,b) 内可导，则在 (a，b) 内至

少存在一点 ξ 使得 $f'(\xi)=\dfrac{f(b)-f(a)}{b-a}$。

下面从理论上对该命题加以证明。

分析 要使 $f'(\xi)=\dfrac{f(b)-f(a)}{b-a}$

只须使 $f'(\xi)\dfrac{f(b)-f(a)}{b-a}=0$

这样一来证明该命题的关键就是找一个满足罗尔定理条件的函数 $f(x)$，使 $f'(\xi)=f'(\xi)-\dfrac{f(b)-f(a)}{b-a}$

而要使 $f'(\xi)=f'(\xi)-\dfrac{f(b)-f(a)}{b-a}$

只须 $f'(x)=x-\dfrac{f(b)-f(a)}{b-a}$

$f(x)=f(x)-\dfrac{f(b)-f(a)}{b-a}x$

该命题是由法国数学家拉格朗日最早发现的，为了纪念他的这一贡献就把该命题命名为拉格朗日中值定理，在拉格朗日中值定理中若再加上一个条件 $f(a)=f(b)$，则该定理就变成了罗尔定理，可见罗尔定理是拉格朗日定理的特殊情况，而拉格朗日定理是罗尔定理的推广。拉格朗日定理的结论是由公式 $f'(\xi)=\dfrac{f(b)-f(a)}{b-a}$ 给出的，我们就把公式称为拉格朗日中值公式。

它还有另外两种表示形式：

$f(b)-f(a)=f'(\xi)(b-a),\ (a<\xi<\mathrm{b})$

$f(x+\Delta x)-f(x)=f'(x+\theta\Delta x),\ (0<\theta<1)$

在实际问题中要根据具体情况选择适当的公式。例如利用拉格朗日定理可以解决在学导数时所提出的问题：常数的导数等于 0 的函数是不是等于常数呢？

推论 1　若 $f'(x)=0,\ x\in(a,b)$，则 $f(x)=C$（常数）$x\in(a,b)$。

证明：$\forall x_1,\ x_2\in(a,b),\ x_1<x_2$，则 $f(x)$ 在 (a,b) 上满足拉格朗日定理的条件

$f(x_2)-f(x_1)=f'(\xi)(x_2-x_1)=0$

$f(x_2)=f(x_1)$

故 $f(x)=c$

利用推论 1 可以找出相等导数的函数之间的关系。

若 $f'(x)=g'(x),\ x\in(a,b)$

则 $f'(x)-g'(x)=0$，即 $\left[f'(x)-g'(x)\right]=\left[f(x)-g(x)\right]=0$

故 $f(x)-g(x)=c$。即 $f(x)=g(x)+c,\ x\in(a,b)$

推论 2　若 $f'(x)=g'(x),\ x\in(a,b)$，则 $f(x)=g(x)+c$。

举例说明定理的应用。

例　利用拉格朗日定理证明：当 $x>0$ 时，$\dfrac{x}{1+x}<ln(1+x)<x$

（证明过程略）

这节这么多内容，难点是拉格朗日定理的证明。在证明过程中我们通过分析作了一个辅助函数。

$$f(x)=f(x)-\frac{f(b)-f(a)}{b-a}x$$

参照图 4–9，从直观上我们还可以再作一个辅助函数来证明拉朗日定理。

在整个学习知识的过程中，我们可以分析出其蕴含的哲学思想。我们知道，数学家“往往不是对问题实行正面攻击，而是不断地将它变形，直至把它转化成能够得到解决的问题”。在导出拉格朗日定理的过程中充分展示这一转换的思想，同时在拉格朗日定理的证明中充分展示了构造辅助函数的实际过程，有助于提高构造建模能力和逆向思维能力，也体现出高等数学中的建模思想。

当然，事物的发展总是从特殊到一般，再从特殊到一般，从具体到抽象的思维运动，以此促进数学思维能力在头脑中一步步地深化和提高。罗尔定理的导出过程充分体现了这一方面。

第五章　从教师职业能力竞赛谈推进数学教师职业能力发展

教师是一种职业，教师工作是一项专业化的活动，教师专业化是实现教师职业的关键。教学活动是一门科学，也是一门艺术，更是科学与艺术的结合，对从事这样一种职业和专业的劳动者而言，必然要有相应的能力要求。高等职业教育是职业教育的较高层次，是国家整体教育事业的重要组成部分，也是推进高等教育大众化的主体力量。教师是影响职业教育现代转型的一个关键问题，又是影响教学质量的重要变量。“数学教育应具有‘文化素质教育’与‘数学技术教育’的双重功能”，“数学教师仅仅改进教学方法是不够的，必须对数学教学内容进行再创造，使之从高度抽象、枯燥呆板的形式中解放出来，走向生活，再现其与人类文明各个方面丰富多彩的联系”。数学教师通过基于问题的任务驱动等教学模式以及现代教育技术手段的开发利用，形成具有职业教育特点的数学文化课程，将数学文化的建构、传承与发扬，从“他组织”走向“自组织”，承担起数学文化传承和数学素质培养的重任，为此，数学教师必须具有相应的职业能力。

一、教师职业能力竞赛

（一）全国教学能力比赛

2018年4月17日，教育部职成司谢俐副司长在《2018年全国职业院校技能大赛筹备会上的讲话》中指出：随着互联网+教育向纵深发展，信息技术应用能力越来成为教师的基本能力之一，为了进一步促进提升教师全面教学能力，教育部在连续举办8年全国信息化教学大赛基础上，从2018年开始，比赛将从重点考察教师的信息技术应用能力，进一步拓展为全面考察教师的教学能力，研究开展教师教学能力比赛，同时统筹规划面向职业院校师生的各类比赛，将教师教学能力比赛相对独立地整体纳入全国职业院校技能大赛体系。

2019年6月4日教育部下发《2019年全国职业院校技能大赛教学能力比赛方案》（征求意见稿）。其主要的指导思想是落实课程思政有关要求，深化“三教改革”（教师、教材、教法），遵循职业教育教学规律，适应“互联网+职业教育”发展需求，运用大数据、人工智能等现代信息技术，构建以学习者为中心的教育生态，坚持“以赛促教、以赛促学，以赛促改、以赛促建”，打造高水平、结构化教师教学创新团队。其主要比赛要求是重点考察教学团队（2~4人）针对某门课程中部分教学内容完成教学设计、实施课堂教学、评价目标达成、进行反思改进的能力。教学团队应落实职业教育国家教学标准，对接职业标准（规范），依据学校专业人才培养方案和实施性课程标准，选取参赛教学内容，进行学情分析，确定教学目标，优化教学过程，合理运用技术、方法和资源等组织课堂教学，进行教学考核与评价，做出教学反思与诊改。课堂教学实施应注重实效性，突出教学重难点的解决方法，实现师生、生生的全面良性互动，关注教与学全过程的信息采集，并根据反映出的问题及时调整教学策略。

参赛作品应为不少于 12 学时连续、完整的教学内容。材料主要包括参赛作品实际使用的教案、2~5 段课堂实录视频、教学实施报告，另附参赛作品所依据的实际使用的专业人才培养方案和课程标准。教案应包括授课信息、任务目标、学情分析、活动安排、课后反思等教学基本要素，设计合理、重点突出、规范完整、详略得当。每个参赛作品的全部教案合并为一个文件提交。教学团队在完成教学设计和实施之后，撰写 1 份教学实施报告。报告应梳理总结参赛作品的整体教学设计、课堂教学实施成效、反思与改进等方面情况，突出重点和特色，可用图、表等对实施、成效加以佐证，字数不超过 3000 字。

教学团队成员按照教学设计实施课堂教学，录制 2~5 段课堂实录视频，原则上每位团队成员不少于 1 段，不直接实施课堂教学的团队成员可不作要求。课堂实录视频每段最短 8 分钟左右、最长 20 分钟左右，总时长控制在 40~45 分钟；每段视频应分别完整、清晰地呈现参赛作品中内容相对独立完整、课程属性特质鲜明、反映团队成员教学风格的教学活动实况。评分指标见下表（表 5–1）。

表 5–1　2019 年全国职业院校技能大赛教学能力比赛评分指标（公共基础课程组）

评价指标	分值	评价要素
目标与学情	20	1. 适应新时代对技术技能人才培养的新要求，符合教育部发布的公共基础课程标准有关要求，紧扣学校专业人才培养方案和课程教学计划，强调培育学生的学习能力、信息素养。 2. 教学目标表述明确、相互关联，重点突出、可评可测。 3. 客观分析学生的知识基础、认知能力等，整体与个体数据详实，预判教学难点和掌握可能。

续表

评价指标	分值	评价要素
内容与策略	20	1. 联系时代发展和社会生活，融通专业课程和职业能力，弘扬劳动精神，培育创新意识；思政课程充分反映马克思主义中国化最新成果，其他课程注重落实课程思政要求。 2. 教学内容有效支撑教学目标的实现，选择科学严谨，容量适度，安排合理、衔接有序、结构清晰。 3. 教材选用符合规定，配套提供丰富、优质学习资源，教案完整、规范、简明、真实。 4. 教学过程系统优化，流程环节构思得当，方法手段设计恰当，技术应用预想合理，评价考核考虑周全。
实施与成效	30	1. 体现先进教育思想和教学理念，遵循学生认知规律和教学实际。 2. 按照设计方案实施教学，关注重点难点的解决，能够针对学习反馈及时调整教学，突出学生中心，实行因材施教。 3. 教学环境满足需求，教学活动开展有序，教学互动广泛深入，教学气氛生动活泼。 4. 关注教与学全过程信息采集，针对目标要求开展考核与评价。 5. 合理运用信息技术、数字资源、信息化教学设施提高教学与管理成效。
教学素养	15	1. 充分展现新时代职业院校教师良好的师德师风、教学技能和信息素养，发挥教学团队协作优势。 2. 教师课堂教学态度认真、严谨规范、表述清晰、亲和力强。 3. 教学实施报告客观记载、真实反映、深刻反思教与学的成效与不足，提出教学设计与课堂实施的改进设想。 4. 决赛现场展示与答辩聚焦主题、科学准确、思路清晰、逻辑严谨、研究深入、表达流畅。
特色创新	15	1. 能够引导学生树立正确的理想信念、学会正确的思维方法。 2. 能够创新教学模式，给学生深刻的学习体验。 3. 能够与时俱进地提高信息技术应用能力、教研科研能力。 4. 具有较大的借鉴和推广价值。

（二）湖南省教师职业能力比赛

2019年3月湖南省教育厅下发《关于举办2019年湖南省职业院校技能竞赛教师职业能力比赛的通知》（湘教通〔2019〕78

号），共设课堂（实训）教学、专业技能操作、中职班主任基本功三个比赛项目。课堂（实训）教学赛项重点考察教师依据教学标准及学情进行教学设计、组织实施教学、达成教学目标、开展教学科研的能力和水平。省教育厅把比赛获奖情况纳入高职高专院校相关重点项目遴选和绩效考评的重要依据，对获国赛一等奖的个人或团队奖励立项 1 个省级教研教改课题，主讲人直接纳入湖南省职业教育技能竞赛教师职业能力比赛专家库。比赛主要采取网络评审参赛视频方式进行，入围参加全国职业院校技能大赛教学能力比赛的，将采取现场比赛的方式进行选拔。参赛团队选取 1~2 个教学模块、项目或教学单元进行教学设计，并从中选取一次课进行课堂教学。教学设计选取内容必须包含 1 个以上相对独立、完整的模块、项目或教学单元，总课时量不少于 8 课时，且已应用于实际教学。课堂教学赛项评审评分指标见下表（表 5–2）

表 5–2　2019 年湖南省职业院校教师职业能力竞赛课堂教学赛项评分指标（含公共基础课程组）

评价指标	分值	评价要素	指标分解
教学设计	25 分	1. 教学目标适应新时代对技术技能人才培养的新要求，符合国家和本省教学标准、学校专业人才培养方案有关要求，表述具体、明确，可评测，重点设定和难点判断准确、有据。 2. 学情分析准确，针对性强。 3. 教学内容科学、严谨，结构清晰完整，结合实际有机融入思想政治教育，体现文化育人、实践育人，反映相关领域产业升级的新技术、新工艺、新规范，教学容量适中，内容安排合理、有序，有效支撑教学目标的实现。 4. 教材选用符合规定，授课计划和课程标准（大纲）完整、规范。 5. 教案完整，符合日常教学实际，且清晰列出知识与技能点清单。	A 等 21~25 B 等 17~20 C 等 12~16 D 等 8~11

续表

评价指标	分值	评价要素	指标分解
教学实施	30 分	1. 按照提交的教案实施课堂教学，体现“以学习者为中心”，突出学生主体地位，因材施教；实践性教学内容源于真实工作任务、项目或工作流程、过程等。 2. 教学手段与方法恰当，系统优化教学过程，专业教学落实“工学结合、知行合一”；实践教学符合职业规范与科学严谨要求，结合实际有机融入思想政治教育，体现文化育人、实践育人，注重工匠精神培育。 3. 教学活动与环境创设合理、规范，学生参与面广，强调“做中学、做中教”，教学互动流畅、深入，能针对学习反馈及时调整教学。 4. 教学考核评价科学多元、方式多样有效。	A 等 27~30 B 等 22~26 C 等 17~21 D 等 12~16
教学效果	15 分	1. 有效达成教学目标，教学效果明显。 2. 有效激发学生学习兴趣，切实提高学生学习能力。	A 等 14~15 B 等 11~13 C 等 8~10 D 等 6~7
信息技术应用	10 分	1. 合理、有效运用云计算、大数据、物联网、虚拟 / 增强现实、人工智能等信息技术，拓展教学时空，改进传统教学。 2. 恰当运用优质数字资源、信息化教学设施开展教学。 3. 能够采集、分析和应用教与学全过程行为数据。 4. 注重促进师生信息素养的提高。	A 等 10 B 等 8~9 C 等 6~7 D 等 4~5
特色与创新	5 分	1．理念先进，立意新颖，方法独特。 2．发挥技术优势，创新教学模式。 3．具有较高的思想性、科学性与艺术性，有较大的借鉴和推广价值。	A 等 5 B 等 4 C 等 3 D 等 1~2
教师基本素养	15 分	1．主讲教师仪表端庄、语言规范、讲解有激情、亲和力强。 2．课堂组织严谨规范，展现出良好的师德师风、扎实的理论和实践功底，专业教师展现出良好的“双师”素质。 3．回答问题聚焦主题、科学准确、思路清晰、逻辑严谨、表达流畅，充分发挥教学团队优势。	A 等 14~15 B 等 12~13 C 等 8~10 D 等 6~7

（三）评分指标分析

从国赛、省赛的方案中可以看出，从2018年开始，将原来的信息化教学大赛改为教学能力比赛，避免为信息化比赛而信息化，比赛更加注重课堂教学的实际实施与落地执行情况。要求提供不少于8~12课时已应用于实际教学的教案，现场比赛时从中抽选一教学单元进行现场展示；要求提供教学实施报告，自己进行反思与诊改，总结教学实施成效。比赛更加注重团队意识，更加注重课程团队建设。要求每位团队成员提供不少于1段的课堂实录视频，凸显团队成员的教学活动实况，带动课程团队建设，推动课程发展。

具体评价要素：

（1）注重落实课程思政要求，要求结合实际有机融入思想政治教育，体现文化育人，培育创新意识；

（2）注重教学目标的可评可测，强调培育学生的学习能力；

（3）注重学情分析要有数据支撑，要能从学生整体和个人的数据中分析预判教学难点，客观全面分析学生的知识基础、认知能力；

（4）注重教学方案设计，要求突出学生中心，知识与技能点清晰体现，符合日常教学实际；

（5）注重教学互动，特别注重从教学环境、教学活动组织、教学气氛等方面全面考察教学互动的优劣与高低；

（6）注重考核与评价全过程的信息采集，要求能采集、分析和应用教与学全过程行为数据；

（7）注重师生信息素养，关注是否合理运用新的信息技术、数字资源、信息化设施有效提高教学与管理成效，拓展教学时空；

（8）注重教育思想和教学理念，重点关注是否结合课程教学内容总结、提炼教学思想、方法、理念；

（9）注重教学团队协作，关注团队的反思与诊改、教研科研等能力；

（10）注重材料的真实性与可执行性，关注专业人才培养方案、课程标准、学期授课计划、教学设计稿、教案等教学材料前后的关联性与一致性。

二、教师职业能力内涵及构成

（一）教师职业能力内涵

在心理学上，能力是指一个人完成某一活动所必需的个性心态特征，它是个体在后天的社会化过程中通过活动得以体现、形成和提高。人力资源和社会保障部《国家技能人才培养标准编制指南》中对职业能力定义为："在真实的工作情境中整体化地解决综合性专业问题的能力，是人们从事一个或若干相近职业所必备的本领，是通用能力和专业能力的综合。"教师职业能力是教师在教育与教学实践过程中形成与发展的从事教育教学活动所需要的能力综合。

当然，教师职业能力是一个发展性、开放性的概念，也是一个具有鲜明时代性的概念，会随着时代的发展而获得新的内涵。20 世纪 90 年代，国外有研究者基于优秀教师的个性特征、知识技能、人格品质等方面的调查分析，提出教师职业能力是一个综合的个人特征，是支持在各种教学情境中满足有效教学绩效所需要的知识、技能和态度。与此同时，国内学者也试图揭示教师职业能力的内在结构，被称为是中国高等教育学重要的奠基者和开拓者的潘懋元教授当时认为，"大学教师教学能力包括两个方面：一方面，大学教师要具备不断更新知识和调整知识结构，提高自己学术水平的能力；另一方面，大学教师也应该具有研究治学规律，寻求最佳治学方法的能力”。另外，还有研究者认为，教师的职业能力包括了教师的认识能力(思维的逻辑性和创造性)、设计能力、传播能力、组织能力和交往能力。这种对职业能力的内在结构的分析可以帮助人们更好地理解什么是教师的职业能力。

随着时代的发展和教育的转型，人们对教师职业能力有了新的认识。第一，有研究者提出了“教学学术能力”的概念,“教学学术能力强调大学教师的发展包括学术发展和教学发展。而教学学术能力主要通过课程开发和教学设计能力来表征，这是建构大学教师胜任力特征模型的基础”。教学学术能力概念的提出极大地拓展了教学能力的视野。第二，有研究者提出了以学生为中心的教学理念及其这种理念指导下的教学设计，并且开始成为当前高等教育教学改革的重要主题。高等职业教育自然也不能超然于这一主题之外,“实现‘以学生为中心’是对教育本质的深刻认识，是教育思想、观念的一次变革，是从以‘教’为中心向以学生的发展、学习及学习效果为中心的一次转变”。教学理念的创新意识或对新的教学理念的敏感性，本身就是教师教学能力的重要表征。

(二)高职教师职业能力构成

英国心理学家斯皮尔曼提出了“GS 二因素”能力结构理论学:能力由一般能力(“G 因素”)和特殊能力(“S 因素”)构成。“G 因素”泛指人的一般能力，如人的感知、记忆、思维、想象等能力，通常又叫智力，是个体从事一般活动所必需的心态特征。“S 因素”，是个体从事特殊活动所需的各种特殊能力。高职教育作为高等教育的一种类型，既有高等教育的普遍性，也有职业教育的特殊性，高职教育的发展目标决定了高职教师的职业能力特征。高职院校培养的是技术技能型人才，这就决定了高职院校的教师应区别于普通高校的教师，既要具有高校教师的通用能力，同时在专业技术应用和实践能力上有更高的要求。

有研究者认为，根据高职院校教学的特性，可以对高职教师教学能力进行一个初步的综合性界定，高职教师职业能力是指教师在教学活动过程中，遵循以学生为中心的教学理念，将专业知识和教学技能有机融合，从而促成教学活动顺利展开和教学目标有效实现的一种综合能力。从教学的内容来看，高职院校教师教学能力包含理论教学能力和实践教学能力，理论教学能力包括教学认知能力、设计能力、监控能力等，实践教学能力包括教学工具的选择与使用能力、演示操作能力、实践诊断与讲解能力、技术的运用与创新能力等。当然，理论教学能力与实践教学能力具有一种内在关联性。

“双师型或双师结构、双师素质”是国家对高职院校师资队伍建设的最基本要求和恒定标准。一个合格的高职院校“双师型或双师结构、双师素质”教师，首先必须具备高校教师资格证，同时拥有从事某一职业领域的“职业资格证书”，如既是教师又是工程师或高职院校教师，除具备普通高校教师所具备的专业理论知识和作为教师的教学能力水平外，应同时具备专业的实践经验和从事专业实践工作的经历，并具有对行业、企业相关专业领域的技术指导作用。

综上，根据高职教育的特点和人才培养目标，高职教师职业能力一般由课程开发能力、教学能力、专业实践能力和研究能力组成，具体构成要素见下表（表 5–3）：

表 5–3　高职教师职业能力构成要素

一级要素	二级要素
课程开发能力	课程标准制定
	教材开发
	课程资源开发

续表

一级要素	二级要素
教学能力	教学设计
	教学组织、实施与评价
	信息技术应用
专业实践能力	实践操作能力
	指导学生实践
	技术开发、推广与应用
研究能力	教学研究
	学术研究

课程开发能力是高职教师职业发展的重要支点，教学能力是高职教师首要的、核心的能力，专业实践能力是高职教师区别于其他类教师的关键，研究能力是高职教师的动力。总体来说，要成为一名合格、有所作为的高职教师，四大能力缺一不可；四大能力构成了高职教师职业能力整体，它们之间相互促进。

培养高素质技术技能型人才是高职教育的出发点和回归点，教学是教师的首要工作，教书育人是教师的天职，教师是提高教学质量的根本保证。教师即便专业知识和理论功底都相当扎实，但如果不能在课堂上驾轻就熟，不能促进学生的发展，其职业能力会仍然得不到认同；教师职业能力的核心是促进学生全面发展的能力，其他诸能力最终都要落脚到这一点上。因此，教师职业能力发展关键还是在于其教学能力的提升。

三、高职数学教师职业能力培养路径

目前，高职教师的职业能力还不容乐观，教师“不乐教”“不善教”“不研教”，学生“不乐学”“不善学”成为令人忧心忡忡的教学常态。我们绝大部分新入职教师也是刚从高校毕业，很多还不是师范类的毕业生，从学校到学校，既缺乏教学经验、理论，又缺乏企业实践经验，职业能力亟需提升。那怎么样提高高职教师职业能力，提高课堂教学的吸引力和有效性?“教师专业发展不仅仅依赖外在的技术知识的灌输而‘被塑造’的，而更是一种‘自我理解’的过程，即通过‘反思性实践’变革自我、自主发展的过程。”

(一)做好发展规划，提升职业能力，发展自主意识

教师职业能力发展的基础和前提是教师职业能力发展的自主意识，职业能力提高的过程也是高职教师不断自我构建实现自我价值的过程。任何外在的推动只能是一个发自教师内心的行动过程和结果，只有来自于教师自身的改进和变革需求及其努力才更为根本。教师自主发展意识一方面可以增强职业能力提升的责任感，使之不断自我激励、自我反省；另一方面，自主意识能将教师现有的职业能力与最近发展区有效结合起来，使“已有的发展水平影响今后的发展方向和程度”。

有研究者从教学能力水平的角度对教师专业发展阶段进行了划分，总的来说可以归纳为三个主要阶段：新手型教师阶段、经验型教师阶段和专家型教师阶段。新手型教师，其课堂教学以教师自我为中心，教学过程中教师关注的主要是自己如何达到教学实施要求；经验型教师，其课堂教学以课程为中心，教学过程中

教师关注的是课程目标如何得到有效实现；专家型教师，其课堂教学是以学生为中心，教学过程中教师关注的是学生的需求是否得到了满足，教学方法是否与学生学习风格相吻合，学生的能力、素质是否得到了实质性发展。要提升教师的教学能力，就是要关注自己转向关注课程，再逐步转向关注学生。经验型教师是从新手型教师成长起来的，但却不一定都能够继续成长为专家型教师，许多教师的专业发展往往停滞在这一阶段，保持经验型教师的角色。

教学具有反思特性。教学反思的对象是教学本身，而反思的主体则是教师自身，正是基于教学的反思特性，人们提出了反思性教学的概念。反思性教学是相对于操作性教学而言的。所谓操作性的教学简而言之就是循规蹈矩的教学，它严格遵循学习与教学理论而缺少必要的反思。反思性教学与此有本质上的不同，它本质上是一个批判性分析的过程。有研究者认为反思性教学是全面发展教师的过程，“反思性教学不仅像操作性教学一样，发展学生，而且全面发展教师。因为教师在全面地反思自己的教学行为时，他会从教学主体、教学目的和教学工具等方面，从教学前、教学中、教学后等环节中获得体验，使自己变得更成熟起来。因而反思性教学是把要求学生‘学会学习’和要求教师‘学会教学’统一起来的教学”。据此，反思性教学就成了发展教师的一条可能的途径，而发展教师又主要体现在发展教师的教学能力。这一点对高职院校教师教学能力的提升极具启示意义。

教学反思也存在一个有效性的问题，严格地说，只有有效的反思才是教学能力提升的可靠途径。就教学反思来说，其有效性主要体现在教师能够对自身教学行为的合理性做出准确的判断。基于教学反思，可以提出教学反思能力的概念，可以把教学反思能力理解为教师能够对自身的教学进行有效的反思。很显然，教学反思能力是教师教学能力的重要表征。教学反思能力是在教学反思中形成的，教学反思具有过程和结果的双重意蕴。对教师的教学能力评价，教学反思能力无疑是一个重要的指标。在日常的教学管理中，许多院校要求教师在进行教学设计时，通俗地说在撰写教案时，要求教师提供教学反思；在教学竞赛活动中，教学反思也开始成为一个观测点。这些都是有道理的，但是这种反思很容易陷入形式化和浅表化。就高职院校的教师来说，常常要分析典型工作任务，设计学习情境，介入教学资源库的建设，其教学也通常被冠以理实一体化教学、行动导向教学、项目教学等称号，这使得其教学反思会更加复杂，也更加重要。

我们教师要自觉反思自己的教学行为，做反思型教师，善于利用各种活动、平台，通过对各种教学活动的反思积累经验，发现并研究解决教学问题，在不断反思中提高自己的职业能力。同时积极参与课程开发活动，深刻理解课程的本质，对课程的性质、功能、目标定位产生更深刻的认识，从课程层面来审视教学；积极参与专业人才需求调研、人才培养方案修订，对人才培养目标定位、培养规格、课程体系的设置等有更深刻的理解。从人才培养层面审视教学，教师的课堂教学关注中心越容易转向学生，教学内容的选择更贴近学生的目标岗位需求，教学活动的设计更符合学生的认知规律，师生互动模式更能体现出学生的主体作用，教学评价更能促进学生的全面发展，让自己能从新手型教师走向经验型教师，经验型教师成长为专家型教师。

（二）建立培训制度，分层次、有针对性地提高教师职业能力

从类型上分，高职教师大致可以分为三类：新入职教师、骨干教师和专业带头人。新入职教师往往是来自普通高校的研究生，缺乏最基本的教育教学理论和教学技能；骨干教师对职业教育和学生的学情有了基本把握，具有熟练的教学技能，但可能对工作任务分析能力不足，还缺乏课程开发和创新的意识和能力；专业带头人统领专业建设，但对行业发展态势和人才能力要求可能还

难以做出深入的调研和分析。不同类型的教师成长需求不同，根据教师所面临的问题，设计有针对性的培训内容和培训方式，并形成规范的培训制度，以提高教师的职业能力。

针对新入职教师，从教育教学理论、师德修养、教学方法与手段、教学研究、教师专业发展等五个方面，采用专题报告、课堂观摩、教学点评、教案展评、过关考核等形式全面提升新入职教师职业能力。针对骨干教师和专业带头人，更多地采取“送出去”的形式，参加“国培”、“省培”、访学、挂职顶岗、下企业实践、参加企业实践项目等方式，更新职业教育教学理念，了解企业的新技术、新工艺、新材料、新设备；组织参加行业的学术年会、研讨会，了解专业的新进展、新技术和新方法，并及时将其运用于教学和课程、专业建设。同时，开展由企业资深工程技术人员、管理人员参加的技术交流活动，把企业现场的实践知识带回学校，传递给教师。

教学技能是教师教学能力的基本表征，也是教师教学艺术和教学风格形成和发展的基础。系统化的教学技能训练是提升教师教学能力基本途径。所谓系统化是指在时间上需要职前教育与职后教育衔接；在内容上要对各种教学技能，如语言、节奏、板书、教态、提问、启思、应变、导课等进行综合训练；在方法与途径上，要充分利用教学技能示范、课堂教学竞赛、教学观摩等；在效果上，通过教学技能的系统训练，教师有可能与学生达成“思维共振、活动默契和情感共鸣”。当然在这一过程中，教师要充分发挥自身的主体性，遵守教学规律、追求更高的教学技能水平。

各种教学技能表面看是可以单独分析和讨论的，但是在具体的教学实践中，教师往往会综合运用各种教学技能，并试图对学生产生整体性的影响，也即对全体学生或学生素质的各个方面产生影响，这就是教学技能的整体性。这也预示着教学技能的训练应当系统化。随着信息技术的发展及其在教学中的应用，教师教学技能的训练手段与方法也在不断地变革。

（三）积极组织教师参加职业能力竞赛

高校在积极探索提升教师教学能力的众多途径中，教学竞赛作为一种提升方法，也备受关注和重视。开展教师教学竞赛活动，既是提升教师自身素质，促进教师专业发展的手段之一，又是激发广大教师教学积极性、主动性，发挥改革主力军作用的途径之一。利用好教学竞赛来真正提升教师的教学能力，需要从教学竞赛的自身去探究，使教学学术理念融入于教学竞赛，融于教师教学能力提升，使教师乐于教学，乐于发展教学，乐于提高自身教学能力和教学水平，进而提高高校教学质量。

波斯纳曾提出，“教师成长 = 经验 + 反思”。教师的职业能力发展需要通过各种载体，教师职业能力竞赛为教师成长搭建了一个重要的平台。通过参与竞赛，能有效促进教师的教学能力、评价能力、课程资源的开发与利用能力、沟通交流能力、合作能力的提升。从最初消化竞赛文件要求，到准备竞赛材料包括教学方案的设计、修订完善和视频录制，都需要参赛老师反复斟酌、思考和反复打磨，与团队教师讨论、修改完善、交流切磋，这种融集体力量共同研讨，既达到相互交流，共同提高的目的，又发挥了有经验老教师的传、帮、带作用。因此，教师参加职业能力竞赛的过程，就是一个不断反思、修正和完善的过程，就是职业能力不断提升的过程。

目前，湖南省除职业院校技能竞赛教师职业能力竞赛外，教育行政部门还组织了相应的一些单项比赛，如心理健康课件制作大赛、体育课堂教学竞赛等，这些都对提升教师职业能力大有裨益。

（四）积极提升数学文化素养

教师是教育教学的前提条件与重要基础，只有理论知识扎实、文化修养高、实践经验丰富等的教师，才更有可能确保教学的质量与教学的成效。高职数学文化教育理念在数学教育中的融入，为高职院校数学教师的文化素养提倡了更高的标准与要求，即教师不但要具备正确的数学观与教育观，而且还要具备专业的、扎实的数学素养。所以，高职数学教师必须在课余时间加强自身的数学文化学习，比如多学习数学史、方法论、教育哲学、思维逻辑等方面的知识，强化自身的数学教育理论功底与书写文化素养。同时，高职数学教师还可以学习借鉴部分名校或者名师的教学案例，从各方面深入领会数学文化的内在含义。高职院校数学教师不断加强自身文化修养的目的是为了更好地将数学文化融入数学教育之中，实现学生数学知识与文化素质的全面提升。

高职院校应该给教师提供进修的机会，在不影响正常教学的情况下分批次地组织教师培训工作，向教师普及数学文化的内涵，传授教师先进的教学方法，更新教师的知识体系，提高教师的教学水平。除此之外，高职院校还可以定期组织交流会和研讨会，鼓励广大教师畅所欲言，交换教学经验，并将数学教学中遇到的问题共同探讨解决，防范类似问题的再次发生，那么高职数学课堂必然会焕发出新的气象。

（五）树立现代化的教育理念，创新数学教学模式

提升高职院校数学教学质量的首要任务就是转变其落后的教学理念。教师在数学教学过程中，要改变以往只重视数学知识传授的现象，重视数学的文化教育功能，将数学教育看作一个完整的文化体系，将数学教育纳入广阔的、深刻的文化背景中去讲授，

注重数学知识与社会生活的联系，比如，从现实生活中搜集与课堂内容紧密相连的数学观念、方法、知识与思想等，让学生对所学的数学知识的文化内涵有所了解。数学文化在高职数学教学中的融入，是改变传统的数学教学思想的重中之重，只有现代化的数学文化教育理念才能够培养出适应社会实际需要的数学领域的人才。

实际上，数学是一门趣味性极强的学科，可是传统教学观念束缚了教师的教学思想，制约了高职数学教育的改革和创新，而数学文化的应用给数学教育的改革提供了新的思路，教师可以精选几名数学家的生活趣事讲解给学生，让学生感受到原来他们也和普通人一样，只不过在研究数学的道路上付出了更多的努力，让学生知道要想在学习和工作上取得傲人的成绩，必须要加倍的付出，以消除学生不劳而获的思想，锤炼学生的意志，培养学生具有积极的学习态度。并在实际的学习过程中注重将数学知识与生活相结合，为了提高学生的学习兴趣，可以适当采取多媒体技术及互联网平台等新的教学方法，并结合案例教学、项目教学及小组讨论等多元化的模式，深入地运用在数学课堂学习中。引入反映数学家和数学史的专题纪录片及影视作品，将对数学文化的体验与个人成长密切联系，使学生更好地理解数学文化意蕴，让数学学习过程变得生动而丰富多彩。

数学源自生活，我们的日常生活中处处都有数学，因此，数学教育应该与实际生活紧密相连，并最终引导学生应用于现实生活之中。高职院校数学教师要突破传统单一的教学方式，在教学过程中有意识地引导学生运用数学思想思考现实生活中一系列问题的能力，通过利用学生日常生活中所熟悉的事例，激发学生对数学的真正兴趣，发现生活中存在的各种各样的数学问题，应用数学知识对实际问题进行分析与解决，促使其进行探究性的学习。高职数学教师在教学过程中，要尊重学生的主体地位，让其参与到数学的教学之中，帮助学生发现问题、分析问题与解决问题，促使其不但能够掌握所学的数学知识，而且可以对所学内容背后的文化知识有着深刻的认知与了解。教学方式的丰富化与多样化，不但有利于数学教学内容的顺利完成，而且能够提升学生的数学综合素养，进而为国家输送更为专业的、高素养的数学人才。

数学不单单是一门科学类语言，还是一种思想方法与思维工具，更是人类社会文明的一个重要组成部分。所以，当前的高职数学教育理念必须转变，全面地认识数学教育的功能与价值，注重数学文化的融入与传授。数学文化在高职数学教学中的融入，不但可以让学生体会到数学文化所具有的独特魅力，而且能够使其积极主动地接受数学文化的熏陶与感染。作为高职数学教师，更应该对数学文化的教育意义进行深入的探究，并将数学文化科学有效地融入到数学教学之中，让学生真正领悟数学的内涵。

（六）建立激励制度和考核制度

激发教师内在动力是教师职业能力发展的关键，建立一套激励性制度为教师职业能力发展提供强有力的制度性保障。建立教师准入制度，新入职教师要参加相应培训和试讲，试讲通过才能上岗，要联系一位导师进行指导，指导期内要完成相应的任务，要参与企业生产或在实验室承担实践教学任务至少半年。教师参加培训情况、青年导师制实施情况、课堂教学情况、职业能力竞赛情况、企业顶岗实践情况等纳入教师职称评审制度和教师考核制度，作为教师职称晋升和绩效考核的条件和依据，不断激发和调动教师提升自身职业能力的积极性。

四、职业能力竞赛对教师教学能力提升的作用

教师职业能力竞赛是教师自我提升的重要载体和平台。参与竞赛，通过同行、评委专家的指导和建议，教师不断进行反思、总结和完善，从而在过程中锻炼，在过程中成长。通过竞赛，能有效促进教师的教学设计能力、教学组织与实施能力、教学评价能力的提升，有助于教师的共享学习交流。

（一）促进教师教学设计能力提高

教学设计能力是教师教学能力的重要部分，是教师基本功的外在体现，教学设计能力往往体现着教师的教学素养。竞赛对教师教学设计能力的提升主要归功于三个要素及它们之间的相互作用，即教师的反思内化、同行经验的传递和专家评委的评点。教师要设计教学，要考虑一系列的因素，包括教学对象的认知规律、成长规律和教育规律、教学资源条件、教学内容的优化、课堂的组织和实施、教学活动的设计、教学方法的选取、教学评价等方方面面，通过对这些因素进行全面综合考量，再进行有针对性地设计。在这个过程当中，会促进教师的智能结构变化，逐渐积淀为教师的思想、理念和经验，从而使得教师的教学能力得到发展。专家的点评和指导是促进教师教学能力提升的关键要素。这些意见对教师的成长是极为重要的，通过对这些意见的吸收，会促进教师自身智能结构的转变。教师会进一步完善自身的教学理念、思想和方式方法等，促进经验的进一步的丰富和沉淀。

（二）提升教师教学组织与实施能力

教学组织能力是教师在教学中根据教学特点、教学对象、教材内容、实训场地、教学目标等进行合理安排的综合能力，事关教学任务的落实、教学质量的评估，在培养高素质人才中具有举足轻重的地位。实施者具备这种能力，就能很好地组织教学内容、安排教学活动，从而保证教学过程的顺利进行。在教师职业能力竞赛中，参赛教师根据专家点评提出的教学设计中的优缺点及改进措施，依据评价标准对教学设计进行修改，使自己的教学理念、教学手段不断提升，而实施效果的反馈为参赛教师呈现的现有教学设计效果与预期效果之间的差距，可以看到教师赛前教学组织和赛后教学组织有了本质的变化。

通过竞赛促进了教师教学理念的转变，对教学的组织实施更加系统、更加科学。将课堂教学和课外学习构成一个统一体，把课外学生的自主学习纳入课堂教学之中，作为课堂教学的辅助与外延。而传统的教学组织将课外和课堂教学两者割裂开来，缺乏联系。通过竞赛，教师能更好地把握整个教学，把整个教学过程实施组织分为课前自主学习、课中教学实施、课外拓展延伸三个阶段。整个教学实施过程重在培养学生的自主学习、团队合作、探究创新的能力，让学生完成从“我学会”到“我会学”的转变。

（三）提升教学评价能力

教师教学评价能力的提升体现在设计多样的评价方法、细化评价项目、关注学生职业核心能力提升三方面。如以往评价只有教师单方面进行成果评价，现增加了学生自评、小组评价、学生互评的环节，进行组织，监督，引导，判断，既关注学生的知识技能发展，又关注学生职业核心能力发展。这样就能促进教学考核评价科学多元、方式多样有效，注重考核与评价全过程的信息采集，注重教与学全过程行为数据的采集、分析和应用。

（四）有助于教师的共享学习交流

教学学术的新颖之处，主要不在于它强调教师个体从事教学研究的重要性，而是在于强调“教学共同体”的重要性。博耶认为，只有将教学从“个人财产”转变为“共同体财产”，教学工作才能真正获得学术界的认可。教学竞赛某种程度上其实就是教学共同体，它把课堂教学由个人财产变成了可以大家共享的共同财富。它是高校教师教学技能技巧和教学方法的交流平台，聚集了各个高校、各个专业的教师精英，竞赛课程的覆盖面也很广，每个选手都有自己独特的教学方法、教学风格等，呈现出百花齐放、百家争鸣的学习交流状态。它可以将各高校教师在课堂教学改革中好的经验分享出来，教师可以在竞赛这个教学共同体中进行切磋交流，共享教学竞赛带给教学能力的冲击和碰撞。教师们通过教学竞赛的学习交流，不仅吸取彼此先进的教学理念和精湛的教学艺术，对照发现自身教学能力与水平不足的地方等，还会促使教师结合自己的实际教学进行反思体悟，创生出更多自己个性化的教学技能技巧及教学学术成果，丰富他们的教学经验。特别是青年教师，可以改善他们因实际教学经验不足而带来的缺陷，进一步提高青年教师的教学能力和教学水平，从而提高学校的整体师资水平。

（五）有助于高校发现人才、培养人才

教学竞赛不仅能激励教师热爱教学，为教师提供展示平台，还能促使学校重视对青年教师的培养，在竞赛中发现人才，从而培养并构建适应学校发展的师资队伍。三尺讲台令无数英雄竞折

腰，教学竞赛作为一个竞争交流的平台，有时结果固然残酷，但对于高校而言，确实机遇与挑战并存。高校可以在这类大型的教学活动中锻炼提升教师的教学能力，教师在教学竞赛中，接受来自不同学科专家和同行教师的评价，从而获得一定的评价结果，通过评价结果的分析，高校可以发现自己的优秀人才或潜力股，为后续学校教师队伍的建设和发展提供参考和榜样示范；同时也会真正检验自己学校教师的教学能力和教学水平，让高校意识到自己学校教师的差距，痛定思痛、从教学竞赛中吸取其他高校的精华，结合自己的实际教学，制订符合自身教师教学能力提升的培养方案，提升教师的教学能力，建设适合自身高校校情、学情的师资队伍，进而带动高校教学质量的提升。

五、高职数学职业能力竞赛案例分享

（一）《线性规划》模块教学设计

1．总体设计

（1）教材分析。《经济数学》是经济管理学院相关专业的一门必修的公共基础课，该课程的学习有助于培养学生思维的严谨性，培养学生团结合作意识，提高学生运用数学知识分析问题、解决问题的能力，推进学生专业学习和职业发展。

（2）内容分析。根据高职学校教育理念以及职业教育培养目标，我们以“必需、够用”为原则，践行“家国共担、手脑并用”的校训精神和一训三风一歌的立体文化，培养学生运用数学知识解决实际问题的能力。结合课程标准，我们对教材内容进行合理的分割、整合，以案例问题为驱动，构建以下三大模块：初等函数模块、微积分学模块、线性规划模块。

线性规划是运筹学的重要分支，是辅助人们合理运用有限资源，做出最优决策的一种数学方法，它广泛应用于物流运输、生产加工、企业决策和管理投资等领域。该模块内容的学习安排在大一第二学期，合计 8 个学时。模块内容包括矩阵、线性方程组、线性规划的模型建立、软件求解和拓展应用。

（3）学情分析。我们的授课对象是电子商务专业大学一年级的学生，他们学习过微积分知识，有一定的分析问题能力，学习过 Matlab 基本操作，好奇心、动手能力较强；但是知识迁移能力以及解决实际问题的能力相对较弱，对数学建模思想方法及数学文化的理解掌握不够。

（4）教学目标。鉴于以上分析，结合教学大纲要求，我们制定了如下知识、能力、素质三维教学目标，旨在培养学生严谨的学习态度与合作创新、精益求精的精神。

知识目标：掌握矩阵、线性方程组的基本知识；理解线性规划问题的基本概念；掌握软件求解方法。

能力目标：能将实际问题抽象为线性规划数学模型；能用 Matlab 正确求解多变量线性规划模型。

素质目标：培养发散思维、协作创新、手脑并用能力和精益求精的态度；能正确统筹规划工作与生活。

（5）教学重难点。结合专业课需要以及学生的认知规律，确定教学重点为：将实际问题抽象为线性规划数学模型并求解；而如何根据实际问题正确建立线性规划模型是我们的教学难点。

2. 组织实施

（1）设计理念。在教学过程中，我们秉承着“学生中心，专业适用，训练思维、培养能力”的教育教学理念。

（2）教学资源。借助超星学习平台，学习通 APP，中国大学慕课和微课等信息化教学资源，几何画板、Matlab、思维导图等软件，结合板书与 ppt 辅助教学，以理实一体化的教学环境为依托，实现“做中学、做中教”，切实提高学生解决实际问题的能力。

（3）教学方法。采用“五动”教学法，即：案例启动，问题驱动，原理推动，实验带动，能力调动，贯穿启发讲授、探究、自学—讨论—指导、研讨等教学方式，带领学生感受应用数学的全过程，体会数学与数学文化的美妙。

（4）教学过程。课前，教师通过超星学习通发布预习任务，学生学习微课视频，初步了解矩阵、线性方程组、线性规划等相关知识，回答每次课前任务单中的问题。教师根据学生作答情况，及时调整教学策略和方法。

课中，我们以生活中常见的投资组合分析，作为引入，同时向学生抛出问题，明确研究的方向；然后小组讨论、分析问题，确定问题的已知条件，上网查询相关资料，了解问题的实际背景和研究意义。

接着，教师在学生学习微课的基础上，进一步梳理相关知识点，解疑答惑；然后，通过三个具体的专业案例，层层递进，师生共同归纳出建立线性规划数学模型的三个步骤。最后，让学生小组合作完成课堂引入案例—投资组合问题模型的建立，巩固强化知识，由此突出我们的教学重点。

对于模型的求解，我们不过分强调计算技巧，首先通过直观的动态演示，带领学生回顾二元线性规划问题的图解法；其次借助 Matlab 软件求解，演示、编程求出它所对应的最优解，即投资组合的最佳方案；最后学生实践、完成课堂 3 个案例模型的求解，教师给予指导，师生在“做中学、做中教”环境下互相成长，提高了教学效率。

然后，启发学生根据所查资料，结合实际情况，思考更多可能的情形，为今后正确投资理财，奠定模型基础。

为了让学生体会这一模块的应用价值，我们选取类似的规划案例，学生分组讨论、分析、建立模型，并且求解模型。之后学生派代表上台汇报建模成果和学习心得，由此，突破我们的教学难点。

整个教学过程中，我们通过“五动”教学法，让学生经历查询、整合资料，小组讨论，动手操作以及上台展现等过程，培养学生手脑并用解决实际问题、团队协作、表达阐述等能力，提高了就业竞争力。

公司工厂、家庭生活、城市和国家的发展，只有提前做好计划安排，才能实现目标最优化。由此引导学生，要关注当下，充分利用现有资源，合理规划自己的大学生活、职业生涯，追求最优发展。

课后，学生登录学习通平台，完成对应内容的知识测验和课后任务，教师查看学生完成情况，实时检测学生的学习效果，对于学生在课堂上没有弄懂的问题，采用线上答疑等方式进行交流，消除困惑。

3．教学反思

（1）考核评价。线性规划模块的考核，由课前学习情况，学生考勤、课堂参与、动手操作情况，以及课后规划案例的完成情况三部分组成，定性定量地评价学生的学习效果，做到了过程评价和多元评价。

（2）反思诊改。规划问题在生活生产中运用非常广泛，我们还要引导学生充分利用丰富的网络资源，进一步拓展知识、开拓思维、强化建模能力，有意识地推动学生创造性思维能力，进一步推动数学课程作为人文素质课程、工具课程、职业核心能力课程、数学文化课程的发展。

4．特色创新

（1）我们借助超星学习通等信息化软件实现“互联网 + 教学”模式，学生参与度高，师生实时互动，共同打造有效课堂。

（2）通过五动教学法，融合专业案例，融入数学建模思想，在培养学生创新思维的同时，使得数学应用更加生动、广泛。

（3）开展数学实验，化抽象为直观，使得原理形象易懂，使得计算准确快捷，手脑并用，实现“教学做合一”。

（4）课程思政，我们结合课程内容和时事热点，设置相关案例，培养学生家国一体、家国情怀的优秀传统文化理念；联系学生日常生活实际，引导他们关注自身发展，合理安排时间，不虚度大学光阴，共创美好生活。

（二）《线性规划》模块教案

1．前言

线性规划是运筹学中研究较早、发展较快、应用广泛、方法较成熟的一个重要分支，它是辅助人们进行科学管理的一种数学方法。在当今节约型社会，线性规划知识发挥着重要作用。生活中，有很多问题需要用这个知识来解决，比如，投资组合分析，车辆安排，营养分配，生产计划等。

线性代数知识已广泛应用于科学技术的各个领域，尤其是计算机日益发展和普及的今天，线性代数已成为学生必备的基础理论知识和重要的数学工具。本模块主要使学生获得行列式、矩阵、线性方程组、线性规划等方面的基本概念、基本理论和基本运算技能，为学习后继课程和进一步获得数学知识奠定必要的数学基础，同时培养学生具有比较熟练的 Matlab 运算能力和综合运用所学知识去分析和解决实际问题的能力。

知识目标：

（1）理解矩阵的概念，理解与掌握矩阵的运算，理解矩阵的初等行变换；

（2）理解高斯消元法，掌握线性方程组的解法及解的判定方法；

（3）掌握线性规划问题的基本概念，理解线性规划问题的数学模型。

能力目标：

（1）能熟练地进行矩阵的相关运算；

（2）会判断线性方程组是否有解；会用 Matlab 求解线性方程组；

（3）能根据实际问题正确建立线性规划问题的数学模型；

（4）能用 Matlab 正确求解多变量线性规划问题。

素质目标：

（1）提升学生手脑并用解决实际问题的能力；

（2）培养学生严谨的学习态度以及协作创新、精益求精的精神；

（3）培养学生家国共担的情怀，提升表达阐述的能力。

教学重点：矩阵运算、线性方程组及其解法，线性规划问题模型的建立与求解。

教学难点：根据实际问题建立线性规划数学模型，Matlab 求解格式的正确应用。

课时分配：

（1）矩阵相关知识（2 课时）；

（2）线性方程组及其求解（2 课时）；

（3）线性规划问题模型的建立（2 课时）；

（4）线性规划问题模型的求解与案例探讨、应用拓展（2 课时）。

2．教案

（1）第一次课教案（2课时）

<table>
<tr><td>授课题目</td><td colspan="3">矩阵的概念及运算</td></tr>
<tr><td>授课方法</td><td>五动教学法、讲授与演示法</td><td>授课类型</td><td>新授课</td></tr>
<tr><td>课　　次</td><td>第一次</td><td>授课时数</td><td>2 课时</td></tr>
<tr><td>教　　具</td><td>学习通、多媒体、Matlab 软件等</td><td>授课班级</td><td>**** 班</td></tr>
<tr><td>教学目标</td><td colspan="3">■ 知识目标：
1．理解矩阵的概念，理解与掌握矩阵的运算；
2．了解逆矩阵的概念及性质；
3．掌握 Matlab 中矩阵的输入方法及运用逆矩阵求解函数。
■ 能力目标：
1．能熟练地进行矩阵的相关运算；
2．能借助 Matlab 求解与矩阵相关的问题。
■ 素质目标：
1．进一步体会数学在实际生活中的运用；
2．培养严谨的学习态度。</td></tr>
<tr><td>教学重点</td><td colspan="3">矩阵乘法的运算法则</td></tr>
<tr><td>教学难点</td><td colspan="3">矩阵乘法运算法则，逆矩阵的概念</td></tr>
<tr><td>教学思路</td><td colspan="3"> 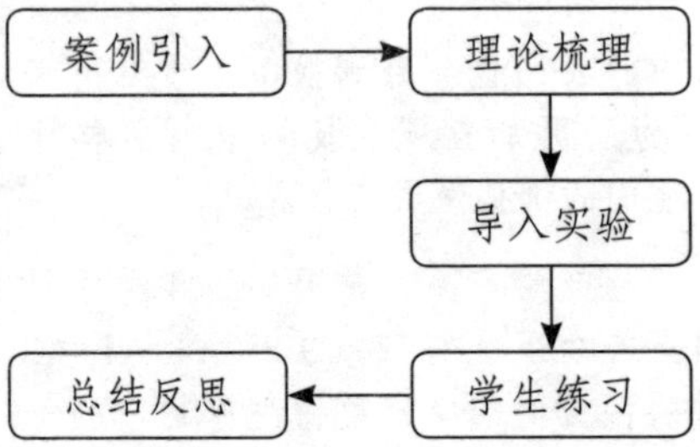案例引入 → 理论梳理 → 导入实验 → 学生练习 → 总结反思</td></tr>
</table>

续表

<table>
<tr><th>教学内容</th><th>教师活动</th><th>学生活动</th></tr>
<tr><td>
【组织教学】
调节课堂气氛调动学生积极性，
共同创设和谐动感课堂

【导入新课】<3mins>
实际生活中，我们会遇到很多用表格来展示相关问题的情况，这样的数字表格，简洁明了。

引例 1：在某次招聘过程中，为了比较四人的应聘情况，现将他们的三项考核的成绩列成如下表格：
<table>
<tr><th>成绩 科目
人员</th><th>科目 1</th><th>科目 2</th><th>科目 3</th></tr>
<tr><td>甲</td><td>90</td><td>86</td><td>95</td></tr>
<tr><td>乙</td><td>78</td><td>80</td><td>70</td></tr>
<tr><td>丙</td><td>92</td><td>93</td><td>96</td></tr>
<tr><td>丁</td><td>66</td><td>74</td><td>75</td></tr>
</table>
保持四人的相对顺序和科目顺序不变，我们可以将他们的成绩单独抽离出来，得到如下横纵交错，4 行 3 列的数表：
<table>
<tr><td>90</td><td>86</td><td>95</td></tr>
<tr><td>78</td><td>80</td><td>70</td></tr>
<tr><td>92</td><td>93</td><td>96</td></tr>
<tr><td>66</td><td>74</td><td>75</td></tr>
</table>
实际生活中，我们也会遇到很多关于原材料购买等问题，为了更加直观快捷地进行价格比较，我们会把他们的价格做成表格。

引例 2：某工厂生产某产品，需要购进 4 种原料 F1, F2, F3, F4，若知道共有三家工厂 A1, A1, A3 生产这 4 种原料，且他们生产这四种原材料的价格列表如下：
<table>
<tr><th></th><th>F1</th><th>F2</th><th>F3</th><th>F4</th></tr>
<tr><td>A1</td><td>4</td><td>5</td><td>3</td><td>6</td></tr>
<tr><td>A2</td><td>5</td><td>6</td><td>4</td><td>5</td></tr>
<tr><td>A3</td><td>4</td><td>7</td><td>5</td><td>4</td></tr>
</table>
</td><td>
教师准备好教学资料和相关设备

教师讲述、实例展示
【案例启动】

情境式教学，引导学生思考：生活中的哪些实际问题用到了数字表格

【课件展示】
提示：将中间的数字表格抽离出来，保证各数字的相对位置不变，可以得到横纵交错的数表
</td><td>
学生进入教室做好上课准备

结合生活实际，积极思考踊跃回答

学生认真听讲、分析思考理解
</td></tr>
</table>

续表

教学内容	教师活动	学生活动
我们也可以将数字表格单独抽出来，形成如下横纵交错，3 行 4 列的数表： $\begin{matrix} 4 & 5 & 3 & 6 \\ 5 & 6 & 4 & 5 \\ 4 & 7 & 5 & 4 \end{matrix}$ 引例 3：给定一个线性方程组，如下 $\begin{cases} x-y+2z=13 \\ x+y+z=10 \\ 2x+3y-z=1 \end{cases}$， 如果不改变方程和自变量的相对顺序，那么可以将它们的系数提取出来，形成这样一个数表（3 行 3 列）： $\begin{matrix} 1 & -1 & 2 \\ 1 & 1 & 1 \\ 2 & 3 & -1 \end{matrix}$		
【任务分析】<1mins> 抛去问题的实际背景，将表格中间的数字单独抽离出来，保证各数字的相对位置不变，得到的数字表格就是今天我们要学习的“矩阵”。	教师总结	学生思考
【探究新知 1】<15mins> 在学生学习微课的基础上，进一步梳理知识点，解疑答惑。 **一、矩阵的概念** 定义：由 $m\times n$ 个元素 $a_{ij}(i=1,\dots,m;j=i,\dots,n)$ 构成的 m 行 n 列数表， $\begin{pmatrix} a_{11} & a_{12} & \cdots & a_{1n} \\ a_{21} & a_{22} & \cdots & a_{2n} \\ \vdots & \vdots & \ddots & \vdots \\ a_{m1} & a_{m2} & \cdots & a_{mn} \end{pmatrix}$	【原理推动】 教师归纳：矩阵的定义	学生认真听讲
就称为一个 $m\times n$ 矩阵。（其中，a_{ij} 是位于第 i 行第 j 列的那个元素）。一般用大写字母 A, B, C 等表示。为了把行标和列标表示出来，也可简记为：$A_{m\times n}$ 或 $(a_{ij})_{m\times n}$。	【实验带动】 教师 Matlab 操作演示	学生观看演示

续表

教学内容	教师活动	学生活动
二、Matlab 中，矩阵的输入格式 用中括号“[ ]”引出矩阵，同行元素用空格或者逗号分隔，不同行元素用分号分隔。 三、转置矩阵 定义：将 $m\times n$ 矩阵 A 的行与列互换所得的 $n\times m$ 矩阵，称为矩阵 A 的转置矩阵，记为 A^T。 Matlab 中，矩阵的转置，用单引号实施。	教师板书启发引导：矩阵行列交换后可以得到怎样的新矩阵？	学生思考，自由回答
四、特殊矩阵及其输入方法 （1）方阵　对于一个 $m\times n$ 矩阵，如果它的行数和列数相同，即 $m=n$。 （2）行矩阵　$m\times n$ 矩阵中，当 $m=1$ 时，即这个矩阵只有一行元素时称为行矩阵，或行向量。 （3）列矩阵　$m\times n$ 矩阵中，当 $n=1$ 时，即这个矩阵只有一列元素，称为列矩阵，或列向量。 （4）零矩阵　所有元素都为 0 的矩阵。 Matlab 中得到一个 m 行 n 列的矩阵：zeros(m, n)	教师引导学生理解：矩阵就是一个长方形的数表，方阵是一个正方形的数表，它的行列数相等	学生理解教师讲授的理解技巧
（5）全 1 阵　所有元素都为 1 的矩阵。 同样的，Matlab 中全 1 阵也有特殊函数来调用。格式：ones(m, n) ——输出 m 行 n 列的全 1 矩阵。当 $m\times n$ 时，括号中可以只写一个数字。 （6）单位矩阵　方阵的主对角线元素都为 1，且其余元素都是 0, 记为 E（或 I）。 $$\begin{pmatrix} 1 & 0 & \cdots & 0 \\ 1 & 0 & \cdots & 0 \\ \vdots & \vdots & \cdots & \vdots \\ 0 & 0 & \cdots & 1 \end{pmatrix}$$	教师边讲授边借助 Matlab 演示	学生观看演示
Matlab 中，得到一个 n 阶单位矩阵：eye(n)。 五、矩阵的运算 定义 1：同型矩阵　如果两个矩阵的行数和列数分别相等，那么称它们是同型矩阵。 定义 2：矩阵相等　两个矩阵 $A=(a_{ij}), B=(b_{ij})$，如果它们为同型矩阵，并且对应位置上的元素也相等，即 $a_{ij}=b_{ij}$，则称矩阵 A 和矩阵 B 相等，记作：A=B。	【问题驱动】教师提问学生： 数与数之间有加减乘除运算，矩阵也有类似的运算吗？引出同型矩阵概念	学生根据教师提问积极思考

续表

<table>
<tr><th>教学内容</th><th>教师活动</th><th>学生活动</th></tr>
<tr><td>
案例1：某运输公司四月份和五月份从量产地A、B分别运送商品到销地甲、乙、丙、丁的运输量如下表所示（单位：t）。

<table>
<tr><td rowspan="2">月份</td><td rowspan="2">销地
产地</td><td></td><td></td><td></td><td></td></tr>
<tr><td>甲</td><td>乙</td><td>丙</td><td>丁</td></tr>
<tr><td rowspan="2">4</td><td>A</td><td>2</td><td>3</td><td>4</td><td>5</td></tr>
<tr><td>B</td><td>3</td><td>0</td><td>2</td><td>1</td></tr>
<tr><td rowspan="2">5</td><td>C</td><td>4</td><td>5</td><td>4</td><td>5</td></tr>
<tr><td>D</td><td>1</td><td>2</td><td>4</td><td>0</td></tr>
</table>

那么，运输公司两个月从产地A、B分别运送商品到销地甲、乙、丙、丁的运输量合计各多少吨？

【教师根据学生回答，总结方法】

由此，过渡到矩阵的加法运算。
</td><td>
【案例启动】

教师提示学生从矩阵的角度思考回答
</td><td>学生理解题意，认真思考、自由回答</td></tr>
<tr><td>
定义3：矩阵加法

假设矩阵A和B为同型矩阵，则定义

$$A+B=(a_{ij})_{m\times n}+(b_{ij})_{m\times n}=(a_{ij}+b_{ij})_{m\times n}$$

$$=\begin{bmatrix} a_{11}+b_{11} & a_{12}+b_{12} & \cdots & a_{1n}+b_{1n} \\ a_{21}+b_{21} & a_{22}+b_{22} & \cdots & a_{2n}+b_{2n} \\ \vdots & \vdots & \cdots & \vdots \\ a_{m1}+b_{m1} & a_{m2}+b_{m2} & \cdots & a_{mn}+b_{mn} \end{bmatrix}$$

——两个同行（m行）、同列（n列）的矩阵相加等于对应位置上的元素相加（行与列不变）。
</td><td>
教师演示两个同型矩阵的加法运算
</td><td>学生观看演示</td></tr>
<tr><td>
定义4：矩阵减法

假设矩阵A和B为同型矩阵，则定义

$$A-B=(a_{ij})_{m\times n}-(b_{ij})_{m\times n}=(a_{ij}-b_{ij})_{m\times n}$$

$$=\begin{bmatrix} a_{11}-b_{11} & a_{12}-b_{12} & \cdots & a_{1n}-b_{1n} \\ a_{21}-b_{21} & a_{22}-b_{22} & \cdots & a_{2n}-b_{2n} \\ \vdots & \vdots & \cdots & \vdots \\ a_{m1}-b_{m1} & a_{m2}-b_{m2} & \cdots & a_{mn}-b_{mn} \end{bmatrix}$$

——两个同行（m行）、同列（n列）的矩阵相减等于对应位置上的元素相减（行与列不变）。

因为实数满足相应的运算规律，因此总结出矩阵的加法运算满足类似的规律：
</td><td>
推广：

教师启发学生类比“实数的减法”来理解矩阵的减法
</td><td>学生积极思考理解</td></tr>
</table>

续表

<table>
<tr><th>教学内容</th><th>教师活动</th><th>学生活动</th></tr>
<tr><td>1．交换律 $A+B=B+A$
2．结合律 $(A+B)+C=A+(B+C)$
3．有零元 $A+0=A$
4．有负元 $A+(-A)=0 \quad A-B=A+(-B)$
定义 5：数与矩阵的乘积
给定矩阵 $A=(a_{ij})_{m\times n}$ 及数 k，则我们把数 k 与矩阵 A 的乘积，定义为：
$kA=\begin{bmatrix} ka_{11} & ka_{12} & \cdots & ka_{1n} \\ ka_{21} & ka_{22} & \cdots & ka_{2n} \\ \vdots & \vdots & \cdots & \vdots \\ ka_{m1} & ka_{m2} & \cdots & ka_{mn} \end{bmatrix}$，称之为数乘矩阵。
➢ 由定义可知 $-A=(-1)\times A$
$A-B=A+(-B)$
➢ 数乘矩阵满足以下的运算律：
1．结合律：$(kl)A=(lA)=l(kA)$
2．交换律：$kA=Ak$
3．分配律：$k(A+B)=kA+kB$
Matlab 中，数与矩阵的乘积输入格式为：$k\times A$</td><td>教师引导、总结规律：根据矩阵加减法的运算法则加法满足的运算律</td><td>学生理解思考</td></tr>
<tr><td>【学生练习 1】<10mins>
课本 P168：第 1、2 题，（要求学生借助 Matlab 求解，建立 m 脚本文件并保存）</td><td>教师布置任务并观察学生完成情况，及时给予指导</td><td>学生动手操作</td></tr>
<tr><td>【探究新知 2】<30mins>
定义 6：矩阵的乘法
设 $A=(a_{ij})_{m\times s}$，$B=(b_{ij})_{s\times n}$，则定义 A 与 B 的乘积 $AB=C=(c_{ij})_{m\times n}$，其中
$c_{ij}=a_{i1}b_{1j}+a_{i2}b_{2j}+\cdots+a_{is}b_{sj}$
$=\sum_{k=1}^{s}a_{ik}b_{kj}(i=1,2,\ldots,m;j=1,2,\ldots,n)$。</td><td>教师提问：矩阵的乘法会是怎样的呢？</td><td>思考矩阵乘法规律</td></tr>
<tr><td>注意：
（1）矩阵乘法的条件是：前一个矩阵的列数与后一个矩阵的行数相同。
（2）得到的新矩阵的第 i 行第 j 列的元素为：A 中的第 i 行与 B 中的第 j 列对应元素相乘再相加。</td><td>教师板书，引导学生思</td><td>学生思考总结</td></tr>
</table>

续表

教学内容	教师活动	学生活动
例1：设 $A=(a_{ij})_{3\times s}$，$B=(b_{ij})_{4\times l}$，$B=(c_{ij})_{m\times 6}$ 且 $AB=C$，确定 s, m, l 的值。 例2：设 $A=\begin{pmatrix}1 & 1 & 2\\ 2 & 2 & 4\end{pmatrix}$ $B=\begin{pmatrix}1 & -3 & 2\\ 1 & 1 & 0\\ -1 & 1 & -1\end{pmatrix}$ 求 AB。 1．$AB=0$，则 A, B 不一定为 0。 2．$AB\neq BA$。即矩阵乘法不满足交换律。 3．若 $AB=AC$，则 $B\neq C$。 4．矩阵的乘法满足以下运算律： a. 结合律：$(AB)C=A(BC)$, $(kA)B=k(AB)$ b. 分配律：$(A+B)C=AC+BC$, $A(B+C)=AB+AC$ 5．单位矩阵 E 与任意同阶方阵 A 的乘积满足：$AE=EA=A$（单位矩阵 E 的作用类似于实数 1）。	多媒体展示矩阵乘法 教师启发：是否可以求 BA? 引导学生总结：矩阵相乘的特点	学生积极思考总结思考为什么矩阵乘法不满足交换律，操作试一试
例3：设 $A=(2\quad 3\quad 5)$ $B=\begin{pmatrix}1\\ 5\\ -1\end{pmatrix}$ 求 AB，BA。 学生自行完成。 在 Matlab 中，矩阵的乘法使用的格式为：$A\times B$。	【能力调动】 教师提出问题，让学生上台分析求解过程	学生自由求解，并上台讲解
六、逆矩阵 假设 $a,b\neq 0$，如果 $ab=1$，则我们说 a 是 b 的倒数，记作 $a=b^{-1}$. 矩阵中也有类似的概念。 定义：对于 n 阶方阵 A，如果存在另一个 n 阶方阵 B，使得 $AB=BA=E$，我们就称 A 是可逆矩阵，B 称为 A 的逆矩阵，记作 A^{-1}，即 $B=A^{-1}$。 注意：只有方阵才有逆矩阵。大家可以将单位矩阵 E 的作用理解成实数 1。学习了矩阵乘法，大家可以自己验算下，单位矩阵 E 与任意同阶方阵 A 的乘积为多少？——AE=EA=A。 Matlab 逆矩阵格式：inv(A)	启发引导： 矩阵的运算中，定义了加减法、乘法，那么是否也可以定义矩阵的除法呢？	学生认真听讲
七、求解矩阵方程 提问：如何求解 $AX=B$? （类比求解代数方程 $ax=b$，引导学生自行总结） 在此基础上，进一步提问：如何求解 $AXB=C$? 由此总结：矩阵的左乘逆与右乘逆的差别。	教师提问学生 板书演示 结合求解代数方程分析讲解	学生积极思考，自由回答并根据教师提示总结方式

续表

教学内容	教师活动	学生活动
【学生练习 2】<15mins> 课本 P168：第 3、4、5、6 题。（要求学生先手动计算，再借助 Matlab 验证自己的结果，建立 m 脚本文件并保存）	教师巡视学生操作情况	学生讨论、实践
【课堂小结】<5mins> 1．教师提问几位学生总结本次课重点。（3mins） 2．教师根据学生回答情况予以点评并做出补充。（2mins）	教师提问学生 在学生回答的基础上讲评并归纳	学生思考并回答教师提问
【任务布置】<1mins> 1．完成学习通课后作业。 2．预习下一次新课“线性方程组”的内容，并完成学习通平台课前任务。	教师布置任务	学生领任务
教学反思	1．集合团队力量，丰富学习通平台测试题库，为学生课下自主学习提供更大便利。 2．多搜集数学在专业中应用的案例形成教学素材，提升学生学习兴趣。	

（2）第二次课教案（2 课时）

授课题目	线性方程组及其求解		
授课方法	五动教学法、问答法、讲授与演示法	授课类型	新授课
课　次	第二次	授课时数	2 课时
教　具	学习通、多媒体、Matlab 软件等	授课班级	**** 班
教学目标	■ 知识目标： 1．了解矩阵的初等行变换； 2．理解阶梯形矩阵和行最简阶梯矩阵的概念，了解矩阵秩的概念； 3．理解高斯消元法，掌握线性方程组的解法及解的判定方法。		

续表

<table>
<tr><td>授课题目</td><td colspan="3">线性方程组及其求解</td></tr>
<tr><td>教学目标</td><td colspan="3">■ 能力目标：
1．会通过化行最简阶梯形矩阵的方法求解线性方程组；
2．能用逆矩阵求解线性方程组；
3．能熟练使用 Matlab 快速求解线性方程组。
■ 素质目标：
1．提高自主学习能力；
2．培养严谨的学习态度；
3．培养不怕困难、坚毅的精神。</td></tr>
<tr><td>教学重点</td><td colspan="3">从矩阵角度理解高斯消元法的本质，线性方程组的求解及解的判定</td></tr>
<tr><td>教学难点</td><td colspan="3">高斯消元法的内涵，线性方程组的求解</td></tr>
<tr><td>教学思路</td><td colspan="3">知识回顾 → 问题驱动 → 探究新知 1、2、3 → 学生练习 1、2、3 → 总结反思、布置任务</td></tr>
<tr><td colspan="2">教学内容</td><td>教师活动</td><td>学生活动</td></tr>
<tr><td colspan="2">【组织教学】
调节课堂气氛调动学生积极性
共同创设和谐课堂</td><td>教师准备好教学资料和相关设备</td><td>学生做好准备静心上课</td></tr>
<tr><td colspan="2">【知识回顾】<1mins>
回顾上次课知识：
1．矩阵的相关知识；
2．Matlab 中矩阵的输入需要注意的地方；
3．矩阵的运算规则。</td><td>教师提问学生</td><td>结合老师提问，积极思考踊跃回答</td></tr>
<tr><td colspan="2">【学生展示】<3mins>
教师总结上次课作业完成情况，请完成较好的小组代表上台分享心得。</td><td>【能力调动】
教师总结</td><td>小组代表上台展示，其余学生认真听讲</td></tr>
</table>

续表

教学内容	教师活动	学生活动
【问题驱动】<0.5mins> 中学学过的二元一次、三元一次方程组是如何求解的呢？ 学生回答：消元法。 教师给予肯定，引出本次课内容。 【探究新知1】<25mins> 我们先来认识线性方程组的一般形式。	教师引导学生回顾以前学过的二元一次、三元一次方程组的解法	学生积极思考
一、把线性方程组转化成矩阵形式 根据二元一次、三元一次方程组的形式，教师给出线性方程组的一般形式： $\begin{cases} a_{11}x_1+a_{12}x_2+\cdots+a_{1n}x_n=b_1 \\ a_{21}x_1+a_{22}x_2+\cdots+a_{2n}x_n=b_2 \\ \qquad\qquad\vdots \\ a_{m1}x_1+a_{m2}x_2+\cdots+a_{mn}x_n=b_m \end{cases}$ 现在，从矩阵的角度来考虑线性方程组的形式。 设 $A=\begin{pmatrix} a_{11} & a_{12} & \cdots & a_{1n} \\ a_{21} & a_{22} & \cdots & a_{2n} \\ \vdots & \vdots & \cdots & \vdots \\ a_{m1} & a_{m2} & \cdots & a_{mn} \end{pmatrix}$，称作系数矩阵；	【原理推动】 教师放映ppt	学生观看ppt
$X=\begin{pmatrix} x_1 \\ x_2 \\ \vdots \\ x_n \end{pmatrix}$，称作未知数矩阵；$b=\begin{pmatrix} b_1 \\ b_2 \\ \vdots \\ b_m \end{pmatrix}$，称作常数列矩阵。那么根据矩阵乘法的运算法则，原方程组的矩阵表达式为：$AX=b$。 例1：线性方程组： $\begin{cases} 2x_1+5x_2+2x_2=2 \\ x_1+2x_2+x_3=3 \\ 3x_1+6x_2+4x_3=-12 \end{cases}$	引导学生写出线性方程组的矩阵形式	学生根据教师引导理解线性方程组的矩阵形式

续表

教学内容	教师活动	学生活动
的矩阵形式如下： $\begin{pmatrix} 2 & 5 & 2 \\ 1 & 2 & 1 \\ 3 & 6 & 4 \end{pmatrix}\begin{pmatrix} x_1 \\ x_2 \\ x_3 \end{pmatrix}=\begin{pmatrix} 2 \\ 3 \\ -12 \end{pmatrix}$ 二、增广矩阵 教师提问：给出线性方程组的系数矩阵，是否能唯一确定该方程组？ 学生回答：不一定。 教师继续引导：为什么？ 学生回答：等式右边的常数不确定。 根据学生回答，启发学生：要确定一个线性方程组，需给定系数矩阵和常数列矩阵。 $(A\ b)=\begin{pmatrix} a_{11} & a_{12} & \cdots & a_{1n} & b_1 \\ a_{21} & a_{22} & \cdots & a_{2n} & b_2 \\ \vdots & \vdots & \cdots & \vdots & \vdots \\ a_{m1} & a_{m2} & \cdots & a_{mn} & b_m \end{pmatrix}$，称之为线性方程组的增广矩阵。 因此，增广矩阵的形态完全决定线性方程组。知道一个线性方程组的增广矩阵，那么这个线性方程组就可以完整地写出来。	教师以问答法进行课堂互动	学生认真听讲，根据老师提问，积极思考并回答
教师抛出问题： 要求解线性方程组 $AX=b$，需要弄明白三个问题： 方程组是否有解？ 如果它有解，解是否唯一？ 若方程组有解且不唯一，那么该如何表示出所有的解？	【问题驱动】启发引导学生，提出三个问题	学生思考
三、高斯消元法 **定义 1**　满足下列条件的矩阵称为阶梯形矩阵： （1）所有零行（如果有的话）都在矩阵的最下方； （2）每个非零行，从左边元素开始到第一个不为 0 的元素打止，位于它们下方的元素全为 0。	教师讲授	学生听讲积极思考

续表

教学内容	教师活动	学生活动
例 2：判断下列矩阵是否为阶梯型矩阵。 $\begin{pmatrix} 1 & 0 & 2 \\ 0 & 7 & 8 \\ 0 & 0 & 0 \\ 0 & 0 & 0 \end{pmatrix}\begin{pmatrix} 2 & 0 & 0 & 3 \\ 0 & -5 & 4 & 0 \\ 0 & 0 & 1 & 7 \\ 0 & 0 & 0 & 4 \end{pmatrix}\begin{pmatrix} 1 & 3 & 2 & 3 \\ 0 & 0 & 1 & -1 \\ 0 & 0 & 1 & 7 \\ 0 & 0 & 0 & 4 \end{pmatrix}$	教师分析例题引导学生理解“阶梯形”含义	学生认真听讲、理解
定义 2 非零行的首非零元素等于 1，而且首非零 1 所在列的其他元素全为 0 的阶梯矩阵称为行最简阶梯形矩阵，简称行简化阶梯矩阵。	教师进一步讲解	学生认真听讲、理解“阶梯形”含义
例 3：判断下列矩阵是否为行最简阶梯矩阵。 $\begin{pmatrix} 1 & 0 & 2 \\ 0 & 7 & 8 \\ 0 & 0 & 0 \\ 0 & 0 & 0 \end{pmatrix}\begin{pmatrix} 1 & 3 & 2 & 3 \\ 0 & 0 & 1 & -1 \\ 0 & 0 & 1 & 7 \\ 0 & 0 & 0 & 4 \end{pmatrix}\begin{pmatrix} 1 & 0 & 3 \\ 0 & 1 & 2 \\ 0 & 0 & 0 \end{pmatrix}$	教师分析例题	学生回答教师问题
例 4：求解下列线性方程组： $\begin{cases} 2x_1+5x_2+2x_2=2 \\ x_1+2x_2+x_3=3 \\ 3x_1+6x_2+4x_3=-12 \end{cases}$ **讲解思路**：按照高斯消元法的思路，引导学生求解该方程组。再从矩阵的角度，启发学生发现：运算高斯消元法求解线性方程组的过程就是将其增广矩阵转换为行最简阶梯矩阵的过程。从中，自然地引出矩阵的初等行变换的概念。接着，教会学生借助 Matlab 化行最简阶梯形矩阵。 **四、借助 Matlab 化阶梯型** Matlab 中化阶梯型的函数——rref。 调用格式：rref（A） 教师操作演示例 4 的求解过程。	教师板书演示	学生观看演示，认真听讲
【学生练习 1】<10mins> 例 5：求解线性方程组：	【实验带动】教师演示	学生观看演示

续表

教学内容	教师活动	学生活动
$\begin{cases}2x_1+5x_2+x_3+15x_4=7\\x_1+2x_2-x_3+4x_4=2\\x_1+3x_2+2x_3+11x_4=5\end{cases}$	教师布置任务并给予指导	学生自行操作、小组讨论交流
教师根据学生化行最简阶梯形的结果，引导学生写出同解方程组，分析得出该方程组有无穷多解，并写出解的表达式。	教师启发学生分析	学生理解无穷多解的情形
例 6：求解线性方程组： $\begin{cases}x_1+x_2+2x_3=1\\3x_1+2x_2+3x_3=0\\x_2+3x_3=5\end{cases}$ 教师根据学生化行最简阶梯形的结果，引导学生写出同解方程组，分析得出该方程组无解。	教师启发学生分析	学生理解无解的情形
【教师总结 1】<1mins> 例 4、5、6 是线性方程组解的所有可能情形—无解、有唯一解、有无穷多解。那到底我们如何来判断呢？	教师总结	学生思考
【探究新知 2】<10mins> 启发学生从增广矩阵的阶梯形形式可以看出，零行是没有意义的，而非零行所对应的方程才是起作用的。由此引出秩的概念。	教师引导	学生思考
五、矩阵的秩 **定义**：经过有限次的初等行变换将矩阵 A 化为阶梯形矩阵后，该阶梯矩阵中非零行的行数称为矩阵 A 的秩，记为 $r(A)$。 Matlab 中，我们可以调用函数——rank 来求得矩阵的秩。 格式：rank(A)	教师讲授	学生听讲
六、线性方程组解得讨论——利用秩判断解的存在性 线性代数中，就有这样一个定理，交代了矩阵的秩在求解方程组中的作用。 **定理**：设某线性方程组的系数矩阵为 A，增广矩阵为 B，一共含 n 个未知数，	教师放映课件，讲授定理内容，结合前面的例题，引导学生理解	学生认真听讲、积极思考理解定理内容

续表

教学内容	教师活动	学生活动
（1）如果 $r(A)=r(B)=n$, 则方程组有唯一解； （2）如果 $r(A)=r(B)<n$，则方程组有无数多解，自由未知数的个数为 $n-r(A)$； （3）如果 $r(A)\neq r(B)$，则方程组无解。 因此，我们在求解线性方程组时，也可以先判断系数矩阵与增广矩阵秩的大小关系，再来化阶梯形求解未知数。 总结：利用秩和化阶梯形求解线性方程组的步骤： （1）求系数矩阵与增广矩阵的秩，比较其大小； （2）在两者相等的前提下，化阶梯形进一步求解。（如果两者不相等，则说明方程组无解）		
【学生练习 2】<5mins> 例 7：求方程组 $\begin{cases} 5x_1+6x_2=1 \\ x_1+5x_2+6x_3=0 \\ x_2+5x_3+6x_4=0 \\ x_3+5x_4+6x_5=0 \\ x_4+5x_5=1 \end{cases}$ 的解。	教师布置任务 查看学生实践情况并给与指导、答疑	学生认真实践操作、小组讨论交流
【探究新知 3】<10mins> 教师启发学生：回顾矩阵方程 AX=b(其中 A 是方阵) 的解法。 学生思考：利用逆矩阵的方式求解。 由此，自然引出针对未知数个数与方程个数相同的线性方程组的特殊求解方法。	教师引导、问答法	学生积极思考
七、利用逆矩阵求解 未知数个数与方程个数相同的线性方程组，矩阵形式为 AX=b，要求解未知数矩阵 X，我们也想要把其系数矩阵化为 E，怎么化呢？ 提醒矩阵乘法不具备交换律。 所以有：$A^{-1}AX=A^{-1}b$, 即 $X=A^{-1}b$。 找到逆矩阵求解线性方程组的前提条件。	教师启发学生思考，回顾逆矩阵的概念与性质	学生回答相关问题

续表

教学内容	教师活动	学生活动
总结：利用逆矩阵求解方程组 AX=b 步骤： （1）判断系数矩阵行列式是否为 0；——det(A)。 （2）若系数矩阵行列式不为 0，那么两边同时乘以系数矩阵的逆矩阵，调用 inv(A)，这里注意左乘。——X=inv(A)*b。 例 8：利用逆矩阵的方法求方程组 $\begin{cases} 5x_1+6x_2=1 \\ x_1+5x_2+6x_3=0 \\ x_2+5x_3+6x_4=0 \\ x_3+5x_4+6x_5=0 \\ x_4+5x_5=1 \end{cases}$	教师引导学生总结	学生根据提示得出结论
【学生练习 3】<5mins> 求解线性方程组： $\begin{cases} x_1-x_2+3x_3=-2 \\ 2x_1+3x_2+x_3=6 \\ x_1+2x_2-3x_3=7 \end{cases}$ （让一名学生上讲台操作，适当给予加分）	教师演示 【能力调动】 教师布置任务，查看学生实践情况并给与指导、答疑	学生观看演示 学生认真实践操作、小组讨论交流
【教师点评】<2mins> 总结学生完成情况。	教师点评	学生听讲
【课堂小结】<6mins> 1．几位学生总结本次课内容。（3mins） 2．教师补充学生回答情况，并提示注意细节。（3mins）	教师启发学生总结	学生总结思考
【任务布置】<1mins> 1．完成学习通课后作业。 2．预习下一次新课“线性规划的概念及模型建立”的内容，并完成学习通平台课前任务。	教师布置任务	学生领取任务
教学反思	1．集合团队力量，丰富学习通平台测试题库，为学生课下自主学习提供更大便利。 2．多积累素材和经验，引导启发学生从上一知识点更加自然过渡到下个知识点。	

（3）第三次课教案（2课时）

续表

<table>
<tr><td>授课题目</td><td colspan="4">线性规划的概念及模型建立</td></tr>
<tr><td>授课方法</td><td>互动教学法、问答法、讲授与演示法</td><td colspan="2">授课类型</td><td>新授课</td></tr>
<tr><td>课　次</td><td>第三次</td><td colspan="2">授课时数</td><td>2课时</td></tr>
<tr><td>教　具</td><td>学习通、多媒体、Matlab软件等</td><td colspan="2">授课班级</td><td>**** 班</td></tr>
<tr><td>教学目标</td><td colspan="4">■ 知识目标：
1．掌握线性规划的相关理论；
2．理解线性规划问题数学模型的基本概念；
■ 能力目标：
1．能根据实际问题正确建立线性规划数学模型；
■ 素质目标：
1．提高自主学习能力及将实际问题抽象为数学问题的能力；
2．培养严谨的学习态度和团队协作能力；
3．培养不怕困难、坚毅、精益求精的工匠精神；</td></tr>
<tr><td>教学重点</td><td colspan="4">将实际问题抽象为线性规划数学模型的基本步骤</td></tr>
<tr><td>教学难点</td><td colspan="4">根据实际问题正确建立线性规划数学模型</td></tr>
<tr><td>教学思路</td><td colspan="4"> 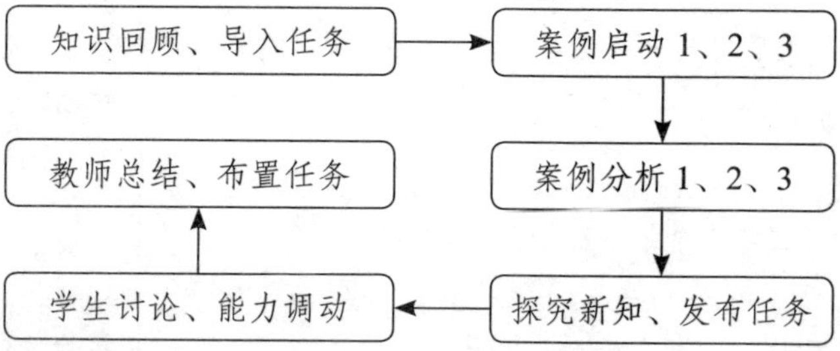知识回顾、导入任务 → 案例启动1、2、3 → 案例分析1、2、3 → 探究新知、发布任务 → 学生讨论、能力调动 → 教师总结、布置任务</td></tr>
<tr><td colspan="2">教学内容</td><td colspan="2">教师活动</td><td>学生活动</td></tr>
<tr><td colspan="2">【组织教学】
调节课堂气氛调动学生积极性
共同创设和谐课堂
【知识回顾】<1mins>
回顾上次课知识：
1．线性方程组的矩阵形式；</td><td colspan="2">教师准备好教学资料和相关设备</td><td>学生做好准备静心上课</td></tr>
</table>

续表

教学内容	教师活动	学生活动
2．线性方程组的求解方法； 3．线性方程组解的结构。	提问法，引导学生回顾	结合老师提问，积极思考踊跃回答
【导入任务】<2mins> 在工业、农业、国防、建筑、交通运输、科研、商业等各种活动中，常常要求对资源进行统一分配、全面规划和合理调度，以便从各种可能安排方案中找出最优的计划或设计，用以指导生产。例如：在有限资源条件下，确定生产产品的品种、数量，使得产值或利润最大；在物资调配时，如何决定产地和销地间的运输量，既满足需求，又使得运费最少；等等。这些问题，在数学上称之为规划问题。	【问题驱动】 从实际问题入手，让学生现有初步的感知	学生认真听讲
【案例启动 1】<1mins> 案例 1：物流运输问题 在“万众创新、大众创业”的大环境下，我院的学生小李毕业后开起了物流公司。现公司有 50 辆车，已知一辆车 12 工时可运输 30 台冰箱，也可以 8 工时运输 40 台电视，每运送一台冰箱可获利 24 元，每运送一台电视可获利 16 元。现有 480 工时，且最多运送 900 台冰箱。问小李应如何制定运输计划，才能使公司获利最大？ 学生先理解题意、思考分析。	教师放映 ppt，引导学生分析问题，讲解分析案例 1	学生认真听讲，分析问题已知条件，积极思考
【案例分析 1】<5mins> 分析思路： 1．明确问题需要我们回答什么？ （制订运输计划，使得公司利润最大。） 2．公司利润与什么有关？ （与运输冰箱和电视的台数有关） 由此启发学生，设未知数：设运输冰箱 x 台，电视 y 台时，利润为 z。	教师提问、学生回答，一步步启发引导学生找出条件	学生根据教师引导，分析理解题意
3．将题目中已知条件转换成数学表达式。有： $\max \quad z=720x+640y$ 4．未知数 x 和 y 需要满足什么条件呢？ 启发引导学生，学生可以自行找出：	教师启发	学生找出问题条件

续表

教学内容	教师活动	学生活动
（1）车辆台数限制：$x+y\leqslant 50$； （2）工时数限制：$12x+8y\leqslant 480$； （3）“最多运送 900 台冰箱”：$30x\leqslant 900$； 教师需引导学生，实际问题中的非负约束。 （4）$x,y\geqslant 0$。 最后综合起来，案例 1 实际上需要我们解决如下问题：在一组约束条件下，求出 $Z=720x+640y$ 的最大值。 教师总结数学模型： $\max\quad z=720x+640y$ $s.t.\begin{cases}x+y\leqslant 50\\12x+8y\leqslant 480\\30x\leqslant 900\\x,y\geqslant 0\end{cases}$	教师总结出案例 1 的数学模型	学生思考分析
【案例启动 2】<2mins> 案例 2：网店商品组合问题 电子商务专业毕业的小王，经营一家玩具网店，现需要对网店的三款产品：引流款、利润款、形象款进行商品组合，使得网店销售利润最大。而不同的玩具需要的制造技术不同。形象款需要 17 个小时加工装配，8 小时检测，每台利润 30 元；利润款需 2 小时加工装配，半小时检测，每台利润 15 元；引流款需半小时加工装配，10 分钟检测，每台利润 2 元。现合作公司可供利用的加工装配时间为 500 小时，检测时间 100 小时。通过销售数据分析得出，对形象款、利润款和引流款玩具的需求量分别不超过 10 台、80 台、100 台，请你给小王出出主意，制定一个使小王网店总利润最大的商品组合方案。		
【案例分析 2】<8mins> 契合学生电子商务专业，启发学生小组讨论、分析问题。（6mins） 分析思路： 1．明确问题的目标是什么？	教师围观小组讨论，适时给予指导	学生小组讨论、交流思路

续表

<table>
<tr><th>教学内容</th><th>教师活动</th><th>学生活动</th></tr>
<tr><td>
2．目标的实现与什么有关？
3．将题目的目标转换成数学表达式。
4．未知数 x 和 y 需要满足什么条件呢？

教师在学生讨论的基础上，带领学生一起总结出案例 2 的数学模型。(2mins)
</td><td>启发引导学生，根据思路，提出分析问题的关键</td><td>学生根据思路、分析问题</td></tr>
<tr><td>
设组合后形象款有 x_1 台，利润款有 x_2 台，引流款 x_3 台，此时的总利润为 Z。则有：

$$\max \quad z=30x_1+15x_2+2x_3$$

$$s.t.\begin{cases}17x_1+2x_2+\frac{1}{2}x_3\leqslant 500\\ 8x_1+\frac{1}{2}x_2+\frac{1}{6}x_3\leqslant 100\\ x_1\leqslant 10\\ x_2\leqslant 80\\ x_3\leqslant 20\\ x_1,x_2,x_3\geqslant 0\end{cases}$$

【案例启动 3】<8mins>
案例 3：广告扶贫问题
“广告助扶贫、产业更增效”。在大力实施广告精准扶贫的大环境下，湖南一家广告公司想通过电视端、电商平台、微博等主流媒体做某商品的广告宣传。其目的是尽可能地扩大影响力度，多渠道让更多的人知道该商品，成为潜在购买顾客。
下表是市场调查结果：
</td><td>教师引导学生归纳出案例 2 的数学模型</td><td>学生认真观察学习、思考并理解</td></tr>
<tr><td>
<table>
<tr><th rowspan="2"></th><th colspan="2">电视（次数）</th><th rowspan="2">电商平台（个）</th><th rowspan="2">微博主流媒体（个）</th></tr>
<tr><th>白天</th><th>最佳时间</th></tr>
<tr><td>一次广告费用（千元）</td><td>40</td><td>75</td><td>30</td><td>50</td></tr>
<tr><td>受每次广告影响的顾客数（万人）</td><td>400</td><td>900</td><td>500</td><td>800</td></tr>
<tr><td>受每次广告影响的女顾客数（万人）</td><td>300</td><td>400</td><td>200</td><td>300</td></tr>
</table>
</td><td>教师解读案例背景——“精准扶贫”热点，引导学生关注时事</td><td>学生认真听解读，领会案例的实际意义</td></tr>
</table>

续表

<table>
<tr><th>教学内容</th><th>教师活动</th><th>学生活动</th></tr>
<tr><td>这家公司希望广告费用不超过80万元，还要求：(1) 至少要有2000万妇女收看广告；(2) 电视广告费用不超过50万元；(3) 电视广告白天至少播出3次，最佳时间至少播出2次；(4) 通过电商和微博等主流媒体宣传的数目需5~10个。</td><td></td><td></td></tr>
<tr><td>【案例分析3】<10mins>
教师在解读完问题背景和意义的基础上，学生分小组讨论，分析问题的数学模型。（7分钟）</td><td>教师引导学生分析问题，分步建立模型</td><td>小组讨论，分析问题建立模型</td></tr>
<tr><td>分析思路:
1．案例最终的目标是什么？
2．实现目标需要满足什么条件？
3．将题目的目标转换成数学表达式。
4．将问题条件转换成数学表达式。</td><td>教师围观学生讨论，给予指导</td><td>小组热烈讨论</td></tr>
<tr><td>教师在学生讨论的基础上，带领学生一起总结出案例3的数学模型。（3mins）
设电视白天、最佳时间的广告次数为 x_1、x_2，利用电商、微博进行广告的个数分别为 x_3、x_4。潜在购买的顾客人数为 Z。
$$\max \quad z=400x_1+900x_2+500x_3+200x_4$$
$$s.t.\begin{cases} 40x_1+75x_2+30x_3+15x_4\leqslant 800 \\ 300x_1+400x_2+200x_3+100x_4\geqslant 2000 \\ 40x_1+75x_2\leqslant 500 \\ x_1\geqslant 3, x_2\geqslant 2 \\ 5\leqslant x_3, x_4\leqslant 10 \end{cases}$$</td><td>教师引导学生归纳出案例2的数学模型</td><td>学生积极思路</td></tr>
<tr><td>【探究新知】<15mins>
在三个案例的模型基础上，教师提问：
1．目标函数中，未知数的次数为多少？
2．约束条件中，未知数的次数为多少？
（都是一次函数）
3．三个案例的数学模型有什么共同特征？
（1）每个问题都有一些需要求解，有待决策的未知变量——称为决策变量；
（2）都有一个关于决策变量，需要达到目标的数学表达式，称为目标函数；</td><td>教师提问学生，并引导学生观察总结</td><td>学生认真观察思考，踊跃回答教师问题</td></tr>
</table>

续表

教学内容	教师活动	学生活动
（3）每个问题都有一组决策变量需要满足的限制条件，称为约束条件。 过渡语：这样的问题，就是“线性规划”问题。 **一、线性规划概念及数学模型** 1. 线性规划问题的定义：线性规划问题，是要在一组线性约束条件的限制下，求线性目标函数最大或者最小的问题。	教师放映ppt	学生观看ppt，理解基本概念
2. 线性规划问题的三要素： （1）决策变量 （2）目标函数 （3）约束条件	教师提问学生	学生思考
在梳理好概念的基础上，教师进一步提问： 对于一个实际的线性规划问题，该如何建立它的数学模型呢？可以从几方面来考虑呢？ 结合案例 1、2、3 的分析过程，引导学生从线性规划的三要素入手。	教师引导	学生反馈
二、线性规划概念及数学模型 **1. 建立线性规划数学模型的步骤** （1）设变量——确定问题的决策变量； （2）定目标——确定问题的目标，并表示为决策变量的线性函数； （3）找条件——找出问题的所有约束条件，并表示为决策变量的线性方程或不等式。	教师引导归纳	学生反馈总结
师生共同规划出建模三步骤，总结为“九字法则”。 **2. 线性规划数学模型的一般形式** 推广到 n 个变量，线性规划问题数学模型的一般形式为：	教师启发学生推广到多个变量	学生思考总结
$\max(\min)z = c_1x_1 + c_2x_2 + \ldots + c_nx_n$ $s.t.\begin{cases} a_{11}x_1 + a_{12}x_2 + \ldots + a_{1n}x_n \leqslant (=,\geqslant) b_1 \\ a_{21}x_1 + a_{22}x_2 + \ldots + a_{2n}x_n \leqslant (=,\geqslant) b_2 \\ \cdots\cdots \\ a_{m1}x_1 + a_{m2}x_2 + \ldots + a_{mn}x_n \leqslant (=,\geqslant) b_m \\ x_1, x_2, \ldots, x_n \geqslant 0 \end{cases}$	教师提示	学生思考

续表

<table>
<tr><th>教学内容</th><th>教师活动</th><th>学生活动</th></tr>
<tr>
<td>3. 线性规划问题的矩阵形式
引导学生，从矩阵角度，思考线性规划问题的矩阵形式。

【学生练习 1】<5mins>
将案例 1、2、3 的数学模型写成矩阵形式。

【教师点评 1】<3mins>
根据学生完成情况，点评出现的问题和注意事项。

【学生练习 2】<2mins>
教师在学习通上发布课堂小测试，学生接收任务并完成。

【教师点评 2】<2mins>
根据学习通显示的数据结果，点评出现的问题和注意事项。

【案例讨论】<6mins>
例 1：营养配餐问题
假定一个成年人每天需要从食物中获取 3000kcal 热量，80g 蛋白质和 1200mg 钙。如果市场上只有 4 种食品可供选择，它们每千克所含热量和营养成分以及市场价格见下表。试建立在满足营养的前提下使购买食品费用最小的数学模型。
<table>
<tr><th>食品名称（kg）</th><th>热量（kcal）</th><th>蛋白质（g）</th><th>钙（mg）</th><th>价格（元）</th></tr>
<tr><td>猪肉</td><td>1000</td><td>50</td><td>400</td><td>10</td></tr>
<tr><td>鸡蛋</td><td>800</td><td>60</td><td>200</td><td>6</td></tr>
<tr><td>大米</td><td>900</td><td>20</td><td>300</td><td>3</td></tr>
<tr><td>白菜</td><td>200</td><td>10</td><td>500</td><td>2</td></tr>
</table>
例 2：物料配送问题
现有一批 300cm 长的圆钢，在物流配送中需要截成长度为 90cm 和 80cm 的两种材料，现需配送 90cm 的坯料 1100 根，80cm 的 2100 根。问如何安排使废料最少？</td>
<td>教师布置任务

教师评价

教师发布任务

教师评价

教师发布例题 1、2</td>
<td>学生完成任务

学生认真听分析

学生认真完成

学生认真听分析

学生思考问题，小组讨论分析，建立例题 1、2 的数学模型</td>
</tr>
</table>

续表

<table>
<tr><th>教学内容</th><th>教师活动</th><th>学生活动</th></tr>
<tr><td>
<table>
<tr><td>钢管下科方案</td><td>80cm（根）</td><td>90cm（根）</td><td>剩余（cm）</td></tr>
<tr><td>方案 1</td><td>3</td><td>0</td><td>60</td></tr>
<tr><td>方案 2</td><td>2</td><td>1</td><td>50</td></tr>
<tr><td>方案 3</td><td>1</td><td>2</td><td>40</td></tr>
<tr><td>方案 4</td><td>0</td><td>3</td><td>30</td></tr>
</table>
</td><td>教师请完成较好的学生分享</td><td>学生代表汇报，其余学生认真听讲解</td></tr>
<tr><td>【能力调动】<7mins>
1．学生分小组讨论，分析问题，建立模型，并派代表上台分享模型的建立过程。
2．教师总结。</td><td>教师请学生回答</td><td>学生总结</td></tr>
<tr><td>【课堂小结】<2mins>
请学生总结线性规划问题的概念及建立线性规划数学模型建立的基本步骤
【任务布置】<1mins>
1．课堂引入案例—投资组合分析，小组讨论为了建立模型，可以做出哪些合理的假设?
2．在你们的假设下，建立该问题的数学模型。并把分析过程以 ppt 形式上传到学习通。
3．学习通—课后作业。
4．复习图解法的讲解视频。
5．预习“线性规划问题的软件求解”相关知识点。</td><td>教师布置任务</td><td>学生领取任务</td></tr>
<tr><td>教学反思</td><td colspan="2">集合团队力量，丰富教学案例资源库，以及学习通平台测试题库，为学生课下自主学习提供更大便利。</td></tr>
</table>

（4）第四次课教案（2 课时）

授课题目	线性规划问题的软件求解		
授课方法	五动教学法、问答法、讲授与演示法	授课类型	新授课
课　次	第四次	授课时数	2 课时
教　具	学习通、几何画板多媒体、Matlab 软件等	授课班级	**** 班

续表

授课题目	线性规划问题的软件求解
教学目标	■ **知识目标：** 1．理解二元线性规划的图解法； 2．掌握线性规划问题的 Matlab 求解法； 3．掌握投资的风险与收益模型。 ■ **能力目标：** 1．能根据实际问题建立线性规划问题的数学模型并正确求解； 2．能正确理解投资风险与收益不同模型的内涵并能指导实际生活。 ■ **素质目标：** 1．提高自主学习能力及手脑并用解决实际问题的能力； 2．培养严谨的学习态度、团队协作能力和精益求精的工匠精神； 3．提高资料收集和整理能力；提高表达阐述能力。
教学重点	1．Matlab 求解线性规划问题注意事项； 2．投资风险与收益的不同模型建立前提；
教学难点	1．Matlab 求解线性规划问题时，标准形式的转换； 2．正确理解投资风险与收益模型的不同模型假设；
教学思路	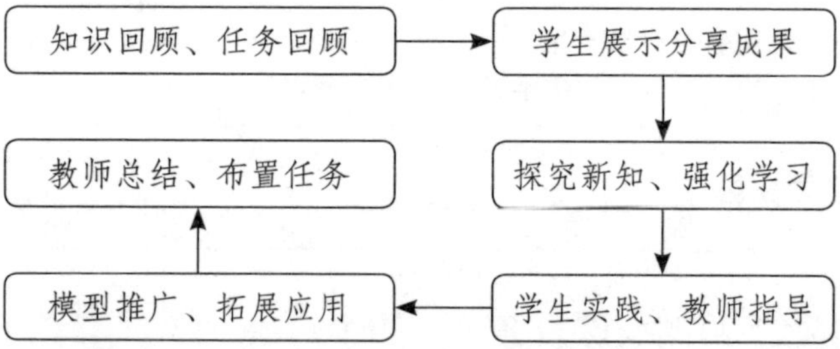 知识回顾、任务回顾 → 学生展示分享成果 → 探究新知、强化学习 → 学生实践、教师指导 → 模型推广、拓展应用 → 教师总结、布置任务

教学内容	教师活动	学生活动
【组织教学】 调节课堂气氛调动学生积极性 共同创设和谐课堂 【知识回顾】<1mins> 回顾上次课知识： 1．线性规划基本概念；	教师准备好教学资料和相关设备	学生做好准备静心上课

续表

教学内容	教师活动	学生活动
2．线性规划的三要素； 3．建立线性规划数学模型的步骤； 4．线性规划数学模型的一般形式。	提问法，引导学生回顾基本知识点	学生结合老师提问，积极思考踊跃回答
【任务回顾】<0.5mins> 回顾上次课布置的小组任务：课堂引入案例——投资组合问题，为正确建立数学模型，可以做出怎样的假设？在合理的假设下，建立的数学模型为？	教师放映任务 ppt	学生观看 ppt 回顾任务内容
【学生展示】<3mins> 教师总结小组的任务完成情况，请完成较好的小组代表上台展示分享。	【能力调动】 教师放映学生作品 教师总结补充	学生代表上台分享成果，其余学生观摩学习
【探究新知】<20mins> 教师根据学生建立的投资组合问题数学模型，提问如何求解。 先巩固中学时学过的二元线性规划的图解法。		
一、二元线性规划的图解法 1．图解法过程分析 解决案例一（物流运输问题） 借助几何画板，动态演示图解法过程。	几何画板演示、边操作边解释	学生认真听讲，观看老师演示，并积极思考
2．图解法注意事项 图解法只能解决二元线性规划问题，但是投资组合问题中涉及四个变量，如何解？	启发引导学生，总结出图解法注意事项	根据老师提示，积极思考，总结注意点
二、线性规划问题的 Matlab 求解法 学生课前预习知识，教师再次梳理基本点和注意事项。 1．Matlab 求解线性规划问题的标准形式。	教师提问学生	
2．如果遇到非标准形式，怎么办？ 3．Matlab 求解线性规划问题的指令函数与格式	问答法，教师提问	学生回答教师问题
教师在学生回答的基础上，予以补充梳理总结上述三个问题。 1．Matlab 求解线性规划时，先转换成标准形式。	教师总结、放映 ppt	学生认真听讲

续表

教学内容	教师活动	学生活动
2．非标准形式的转换方法。 3．Matlab 求解线性规划问题函数。		
三、课中测试 <2mins> 学习通平台，Matlab 求解线性规划问题——小测试。	教师发布测试并检测学生结果	学生认真完成测试
四、教师点评 <2mins> 根据学生完成情况，分析测试问题。	教师点评	学生听讲
五、模型求解 教师借助 Matlab 软件，编程求解投资组合问题。	教师示范操作	学生认真观察学习
六、结果分析 根据编程结果，得出使收益最大的投资组合方案。 【学生练习】<6mins> 教师学习通发布任务，学生动手实践，完成上次课案例 1、2、3 模型的求解。	教师讲授，帮助学生理解	学生思考理解
案例 1：物流运输问题 在“万众创新、大众创业”的大环境下，我院的学生小李毕业后开起了物流公司。现公司有 50 辆车，已知一辆车 12 工时可运输 30 台冰箱，也可以 8 工时运输 40 台电视，每运送一台冰箱可获利 24 元，每运送一台电视可获利 16 元。现有 480 工时，且最多运送 900 台冰箱。问小李应如何制订运输计划，才能使公司获利最大？ 案例 2：网店商品组合问题 电子商务专业毕业的小王，经营一家玩具网店，网店共三款产品：形象款、利润款、引流款。而不同的玩具需要的制造技术不同。形象款需要 17 个小时加工装配，8 小时检测，每台利润 30 元；利润款需 2 小时加工装配，半小时检测，每台利润 15 元；引流款需半小时加工装配，10 分钟检测，每台利润 2 元。现合作公司可供利用的加工装配时间为 500 小时，检测时间 100 小时。	【实验带动】 教师查看学生实践情况并给与指导、答疑	学生实践、以小组为单位拍照上传求解程序和结果

续表

<table>
<tr><th>教学内容</th><th>教师活动</th><th>学生活动</th></tr>
<tr><td>通过销售数据分析得出，对形象款、利润款和引流款玩具的需求量分别不超过 10 台、80 台、100 台，请你替小王制订一个使网店总利润最大的商品组合方案。

案例 3: 广告扶贫问题
在大力实施广告精准扶贫的大环境下，湖南一家广告公司想通过电视端、电商平台、微博等主流媒体做某商品的广告宣传。其目的是尽可能地扩大影响力度，多渠道让更多的人知道该商品，成为潜在购买顾客。下表是市场调查结果：
<table>
<tr><td rowspan="2"></td><td colspan="2">电视（次数）</td><td rowspan="2">电商平台（个）</td><td rowspan="2">微博主流媒体（个）</td></tr>
<tr><td>白天</td><td>最佳时间</td></tr>
<tr><td>一次广告费用（千元）</td><td>40</td><td>75</td><td>30</td><td>50</td></tr>
<tr><td>受每次广告影响的顾客数（万人）</td><td>400</td><td>900</td><td>500</td><td>800</td></tr>
<tr><td>受每次广告影响的女顾客数（万人）</td><td>300</td><td>400</td><td>200</td><td>300</td></tr>
</table>
这家公司希望广告费用不超过 80 万元，还要求:（1）至少要有 2000 万妇女收看广告;（2）电视广告费用不超过 50 万元;（3）电视广告白天至少播出 3 次，最佳时间至少播出 2 次;（4）通过电商和微博等主流媒体宣传的数目需 5~10 个。

【教师点评】<6mins>
查看每小组程序和结果，一一点评。
1．启发学生运用数学知识分析、解释专业问题；
2．启迪学生，学会运用专业优势贡献自己的一份力量，培养家国共担情况。
3．引导学生关注自身，合理规划大学生活职业生涯，追求最优发展。</td><td>投屏展示，教师点评问题</td><td>学生认真观看每组结果并分析</td></tr>
</table>

续表

<table>
<tr><th>教学内容</th><th>教师活动</th><th>学生活动</th></tr>
<tr><td>【问题驱动】<2mins>
教师提问学生：根据所查资料，实际生活中遇到的投资组合问题，还有哪些情形？
【模型推广】<35mins>
七、投资组合问题的现实情况，如何权衡风险与收益的关系？</td><td>教师提问，启发学生：根据查询资料思考更多可能情况</td><td>学生积极思考、自由发言</td></tr>
<tr><td>市场上有 n 种资产 $S_i(i=1,\cdots,2,n)$ 可以选择，现用数额为 M 的相当大的资金作一个时期的投资。这 n 种资产在这一时期内购买 S_i 的平均收益率为 r_i，风险损失率为 q_i，投资越分散，总的风险越小，总体风险可用投资的 S_i 中最大的一个风险来度量。购买 S_i 时要付交易费,（费率 p_i），当购买额不超过给定值 u_i 时，交易费按购买 u_i 计算。另外，假定同期银行存款利率是 r_0，既无交易费又无风险。（r_0=5%）
已经知 n=4 时相关数据如下：
<table>
<tr><th>S_i</th><th>r_i (%)</th><th>p_i (%)</th><th>q_i (%)</th><th>u_i（元）</th></tr>
<tr><td>S_1</td><td>28</td><td>2.5</td><td>1</td><td>103</td></tr>
<tr><td>S_2</td><td>21</td><td>1.5</td><td>2</td><td>198</td></tr>
<tr><td>S_3</td><td>23</td><td>5.5</td><td>4.5</td><td>52</td></tr>
<tr><td>S_4</td><td>25</td><td>6.5</td><td>6.5</td><td>40</td></tr>
</table>
试给该公司设计一种投资组合方案，即用给定达到资金 M，有选择地购买若干种资产或存银行生息，使净收益尽可能大，使总体风险尽可能小。</td><td>教师学习通发布任务</td><td>学生分小组讨论</td></tr>
<tr><td>教师根据小组讨论情况，引导学生分析总结。
1. 问题的基本假设
基本假设：
（1）假设投资数额 M=1;
（2）总体风险用投资项目 S_i 中最大的一个风险来度量；
（3）n 种资产 S_i 之间是相互独立的；
（4）在投资期内，r_i, p_i, q_i, r_0 为定值，不受意外因素影响；
（5）净收益和总体风险只受 r_i, p_i, q_i 影响，不受其他因素干扰；</td><td>提问：为便于分析与建模，如何假设？
教师启发学生思考</td><td>学生积极思考、讨论，得出模型假设</td></tr>
</table>

续表

<table>
<tr><th>教学内容</th><th>教师活动</th><th>学生活动</th></tr>
<tr><td>2. 问题的符号规定
S_i——第 i 种投资项目；
r_i, p_i, q_i——分别为 S_i 的平均收益率，交易费率，风险损失率；
u_i——S_i 的交易定额；
r_0——同期银行利率；
x_i——投资项目 S_i 的资金；
a——投资风险度；
Q—总体收益；
ΔQ—总体收益的增量；</td><td>教师启发学生：根据问题背景，给出符号规定</td><td>学生积极总结</td></tr>
<tr><td>3. 模型的建立与分析
要使净收益尽可能大，总体风险尽可能小，这是一个多目标规划模型：
目标函数：　$\max\sum_{i=0}^{n}(r_i-p_i)x_i$
$\min\{\max(q_ix_i)\}$
约束条件：　$\sum_{i=0}^{n}(1+p_i)x_i=M$
$x_i\geqslant 0\quad i=0,1,\cdots,n$</td><td>启发指导学生分析问题，抓住主要矛盾</td><td>学生认真听讲、积极思考</td></tr>
<tr><td>简化模型：
（1）在实际投资中，投资者承受风险的程度不一样，若给定风险一个界限 a，使最大的一个风险 $q_ix_i/M\leqslant a$，可找到相应的投资方案。这样把多目标规划变成一个目标的线性规划。
模型 1　固定风险水平，优化收益
目标函数：$Q=\max\sum_{i=1}^{n+1}(r_i-p_i)x_i$
约束条件：$\frac{q_ix_i}{M}\leqslant a$
$\sum(1+p_i)x_i=M,\quad x_i\geqslant 0\,(i=0,1,\cdots,n)$</td><td>提问＋启发，简化模型，将多目标规划问题化为单目标线性规划问题</td><td>在教师启发下，小组合作得出简化模型 1</td></tr>
</table>

续表

<table>
<tr><th>教学内容</th><th>教师活动</th><th>学生活动</th></tr>
<tr><td>（2）若投资者希望总盈利至少达到水平k以上，在风险最小的情况下寻找相应的投资组合。
模型2　固定盈利水平，极小化风险
目标函数：$R=\min\{\max(q_ix_i)\}$
约束条件：$\sum_{i=0}^{n}(r_i-p_i)x_i\geqslant k,$
$\sum(1+p_i)x_i=M,\quad x_i\geqslant 0\quad i=0,1,\cdots,n$
（3）投资者在权衡资产风险和预期收益两方面时，希望选择一个令自己满意的投资组合。
因此对风险、收益赋予权重$s(0<s\leqslant 1)$，s称为投资偏好系数。</td><td>教师启发学生，多角度思考问题，得出不同模型</td><td>积极思考、得出模型2</td></tr>
<tr><td>模型3　给风险和收益分配权重
目标函数：
$\min s\{\max(q_ix_i)\}-(1-s)\sum_{i=0}^{n}(r_i-p_i)x_i$
约束条件：$\sum_{i=0}^{n}(1+p_i)x_i=M,\quad x_i\geqslant 0\quad i=0,1,\cdots,n$</td><td>根据实际情况，启发学生理解模型3</td><td>在老师的提示下，正确理解模型3的得出过程</td></tr>
<tr><td>4. 模型1的求解
代入题中具体数据，模型1为：
$\min f=-(0.05\ 0.27\ 0.19\ 0.185\ 0.185)X$
$s.t.\begin{cases}x_0+1.01x_1+1.02x_2+1.045x_3+1.065x_4=1\\0.025x_1\leqslant a\\0.015x_2\leqslant a\\0.055x_3\leqslant a\\0.026x_4\leqslant a\\x_i\geqslant 0\quad(i=0,1,\cdots,4)\end{cases}$
由于a是任意给定的风险度，到底怎样给定没有一个准则，不同的投资者有不同的风险度。我们从$a=0$开始，以步长$\Delta a=0.001$进行循环搜索。</td><td>教师演示，启发学生编程</td><td>观看演示，理解代码</td></tr>
</table>

续表

<table>
<tr><th>教学内容</th><th>教师活动</th><th>学生活动</th></tr>
<tr><td>5. 模型 1 的结果分析
根据结果，教师引导学生理解结果代表的含义。
【课堂小结】<2mins>
1. 师生一起总结 Matlab 软件求解注意事项；
2. 投资组合问题的不同模型的侧重点。
【课后作业】<2mins>
1. 学习通——规划案例建模与求解。
2. 进一步巩固理解投资组合的不同模型。</td><td>教师启发

问答法，教师提问学生

教师布置作业</td><td>学生思考、总结
学生回答教师提问

学生接收作业</td></tr>
<tr><td>教学反思</td><td colspan="2">集合团队力量，丰富教学案例资源库，以及学习通知识讲解视频的资源库，为学生课下自主学习提供更大便利。</td></tr>
</table>

参考文献

[1] 汪晓勤. 数学文化透视 [M]. 上海：上海科学技术出版社，2013.

[2] M. 克莱因. 西方文化中的数学 [M]. 张祖贵，译著. 复旦大学出版社，2005.

[3] 张奠宙，李士锜，李俊. 数学教育学导论 [M]. 北京：高等教育出版社，2004.

[4] 顾沛. 数学文化 [M]. 高等教育出版社，2008.

[5] 林夏水. 数学哲学 [M]. 北京：商务印书馆出版社，2003.

[6] 郑毓信. 数学教育哲学 [M]. 成都：四川教育出版社，2001.

[7] 蒋家尚. 将数学文化融入大学数学教学之中 [J]. 高教学刊，2018(7).

[8] 李大潜. 浅谈数学文化 [J]. 中国大学教学，2013(9).

[9] 邓明立. 阿贝尔——英年早逝的数学奇才 [J]. 数学文化，2014(3).

[10] 葛玉凤. 高等数学课堂中有关数学文化的案例 [J]. 科技资讯，2016(31).

[11] 赵红革. 大学数学教与学 [M]. 沈阳：东北大学出版社，2015.

[12] 高雪芬. 数学文化在大学数学课程中的应用 [J]. 数学教育学报，2018(1).

[13] 韩俊. 试分析高职数学教学中数学文化的融入 [J]. 读书文摘，2017(8).

[14] 黄琳. 高职数学教学中数学文化渗透研究 [J]. 数学学习与研究，2018(11).

[15] 岳斯玮．基于新媒体视角的高职数学渗透数学文化路径探析［J］．环球市场，2017(10).

[16] 周婷婷，杭颖．高职数学教学中数学文化的渗透［J］．数学大世界旬刊，2017(10).

[17] 王昕．数学文化的育人功能初探 [J]．当代教育实践与教学研究，2017(05).

[18] 高隆昌．数学及其认识 [M]．北京：高等教育出版社，2001.

[19] 董毅．浅论数学与哲学的紧密联系 [J]．合肥教育学院学报，2002(2).

[20] 蒋建林，王永健．谈数学教育与马克思主义哲学的关系 [J]．南京航空航天大学学报：社会科学版，2006(4).

[21] 辛兴云，张永春．数学教学中的哲学思想 [J]．教育理论与实践，2006(7).

[22] 常军．哲学思想在高等数学教学中的应用 [J]．数学教学研究，2010(5).

[23] 陈翠芳．谈数学分析教学中哲学思想的渗透 [J]．山西高等学校社会科学学报，2001(13).

[24] 王坤玉，陈洪霞，等．哲学 · 数学 · 教学 [J]．河北科技大学学报：社会科学版，2001(1).

[25] 马平．数学反证法中的哲学思想 [J]．安庆师范学院学报，2000(2).

[26] 韩俊．试分析高职数学教学中数学文化的融入 [J]．读书文摘，2017(8).

[27] 黄琳．高职数学教学中数学文化渗透研究 [J]．数学学习与研究，2018(11).

[28] 岳斯玮．基于新媒体视角的高职数学渗透数学文化路径探析 [J]．环球市场，2017(10).

[29] 周婷婷，杭颖．高职数学教学中数学文化的渗透 [J]．数学大世界旬刊，2017(10).

[30] 戴风明. 数学文化在数学教学中的缺失与对策 [J]. 数学教育学报，2011(6).
[31] 黄秦安. 数学观的革命与范式转换 [J]. 科学技术与辩证法，2005(6).
[32] 李蕾. 高职院校数学文化教育：内蕴、价值与路径 [J]. 教育与职业，2015(16).
[33] 胡炯涛. 数学教学论 [M]. 广西：广西教育出版社，1999.
[34] 张亚静. 数学素养：学生的一种重要素质 [J]. 中国教育学刊，2006(3).
[35] 张楚廷. 数学文化 [M]. 北京：高等教育出版社，2000.
[36] 匡继昌. 现代数学的哲学思考 [J]. 数学教育学报，2005(5).
[37] G·波利亚. 涂泓，冯承天，译. 怎样解题——数学教学法的新面貌 [M]. 上海：上海科技教育出版社，2002.
[38] G·波利亚. 刘景麟等译. 数学的发现 [M]. 呼和浩特：内蒙古人民出版社，1981.
[39] 张景中. 数学与哲学 [M]. 北京：北京师范大学出版社，1989.
[40] 郑毓信，梁贯成. 认知科学、建构主义与数学教育 [M]. 上海：上海教学出版社，1998.
[41] 涂荣豹，宋晓平. 中国数学教学的若干特点 [J]. 课程·教材·教法，2006(2).
[42] 喻平. 论教师的反思能力结构 [J]. 教育探索，2004(12).
[43] 郑毓信. 数学哲学：20 世纪末的回顾与展望 [J]. 哲学研究，2000(10).
[44] 吕楠. 浅谈高等数学中的一些哲学思想 [J]. 科教文汇 (中旬刊)，2007(10).
[45] 林华. 高职高等数学教学中的哲学思想及其应用 [J]. 柳州职业技术学院学报. 2007(6).
[46] 李晓奇等. 高等数学中的否定之否定 [J]. 高等理科教育，2003(2).

[47] 唐玉华. 辩证法思想在微积分概念教学中的运用 [J]. 四川职业技术学院学报，2003(11).

[48] 邹兆南. 极限概念的数学哲学思维剖析 [J]. 重庆交通学院学报（社科版），2004(12).

[49] 苏海军. 高等数学中的美学思想刍议 [J]. 四川文理学院学报（自然科学），2008(9).

[50] 辛兴云，张永春. 数学教学中的哲学思考 [J]. 教育理论与实践. 2006(7).

[51] 张奠宙，梁绍君，金家梁. 数学文化的一些新视角 [J]. 数学教育学报，2003(2).

[52] 王敏. 高职微积分教学引入数学文化的实践研究 [D]. 2015(12).

[53] 董毅. 浅论数学与哲学的紧密联系 [J]. 合肥教育学院学报，2002(5).

[54] 刘文军，董建伟. 浅谈定积分概念中的数学思想 [J]. 气象教育与科技，2006(1).

[55] 许志刚. 高等数学教学中哲学思想的体现与应用 [J]. 盐城工业专科学校学报，1995(8).

[56] 黄光清. 高等数学中数学思维培养的教学对策与设计 [D]. 2005(3).

[57] 柳燕. 一个从静止到运动中产生的数学思想 [J]. 高校理科研究，2008(3).

[58] 温旭辉. 对高等数学中的基本概念的剖析 [J]. 职业技能，2006(7).

[59] 李政. 数学思维中的哲学思想浅析 [J]. 苏州职业大学学报，2005(2).